百年來電車工人生活故事

增訂版

余非
石秋新 著

增訂版序

十二月有新加坡讀者想買廿五本《百年來電車工人生活故事》，可是書店只收九本書錢，其他退訂。她向我求助。出版社正好年終盤點，十二月底最準確的數字是，倉存及門市加起來只剩一本。感謝出版社願意再版，而且容我增加新發現，以增訂版面世。

初版的《百》很扣題，書內每個年代的工人生活都有典型個案故事。重看仍感小書充實地展示了百年來電車工友的生活及精神面貌。當中只有一節沒配上個案故事，就是第二章、第三節「公司高層強悍的殖民者身份」。

當年為了《競進存愛 電車情懷——香港電車職工會百年史整理》以及《百》之出版，人已做到虛脫。兩書以電車職工會所存珍貴材料為主，當年工友對資方可能沒有能力「起底」，因而兩名關鍵總經理的資料不多。洋人總經理西門士的譯名也沒統一，甚至某照片的圖註把莊士頓寫成西門士。一大一小的電車職工會百年史出版後，出於對去殖工作的執著，對 1950、1960 年代兩位關鍵總經理——西門士及莊士頓——保持好奇，平日特別注意及查找這方面的材料。

皇天不負有心人，終於在一個 Old Hong Kong 味道的洋人懷舊網頁內，從曾經居港的洋人後代對父輩在港生活的懷憶，讓我知道了西門士及莊士頓的英文全名，以及他們生平事跡點滴。有了英文全名，一切便好查了。

簡言之，西門士與莊士頓都是大歷史下的「普通人」，哪怕虧待電車工人、在香港行惡十多年的莊士頓，宏觀歷史下也只是小角色。莊士頓來港前在非洲行惡，之後在香港對工人欺霸。而西門士死得離奇——不是自然病逝，傳聞是自殺，卻也沒多少人去挖他的故事。慶幸從那個網頁，一群居港洋人後代的交流中，多知道了些關於西門士的歷史。至於西門士因何而逝？他在香港淪陷時被日軍虐囚於赤柱監獄，曾遇到、見到甚麼？光復後未恢復過來的是身體還是心靈？一切不得而知。倒是證明了羅素街血案未必由他主事。整理歷史，有幾分事實就說幾分話。

此次增訂版是有意思的增訂，感謝出版社予我精益求精的機會。

余非

2022 年 1 月

余非 序

或問「為甚麼會有這本小書的？」

一切由厚厚的、約 500 頁的《競進、存愛，電車情懷——香港電車職工會百年史整理》開始說起。

2018 年中，緣分讓我接手為電車工會整理百年史這份工作。榮幸及光榮。接觸何志堅叔叔，讓我想及父親那一輩人。我父親比何志堅叔叔大十多歲，但是，何志堅叔叔，以及年齡上低我父親一、兩代的工友，仍然有上一輩工人階級的氣質。而何志堅叔叔特別純樸老實，跟他合作，讓我有跟自己人溝通的親切與信任。

我欣喜萬分地接受工會的邀約。我讀大學的那些年（1980 年代），做學問的訓練相當刻苦。帶着這個底子去做作家和資深編輯，並不害怕面對龐雜的原始材料。到西環工會會址初步翻看那一箱箱泛黃的歷史材料，掂量估計，整件工作的規模立即在腦內浮現。如何安排工序、時間表如何規劃、我跟工會的合約該怎樣擬、整批材料會有甚麼可能性……一一心中有個想法。我知道我一定會全情投入做好《競進、存愛，電車情懷——香港電車職工會百年史整理》這本書。

我為香港電車職工會提出一款「套餐」，在龐大的材料面前（見照片），要讓它充分被善用，發揮最大的社會效益。編著整理為資料性的嚴肅讀本之同時，因為要將材料打字輸入和掃瞄，我順手為工會建立了一個簡單的電子資料庫。此外，考慮抽出部分元素及材料，另出一本輕巧的普及本。我珍惜工會的金錢資源，整理資料、建立資料庫、編寫書稿、跟進書稿交付出版社後的情況……總之是全包宴，我只一次性收取正常計算兩成左右的酬勞。收薄酬，跟工會及何志堅叔叔無關，他們很大氣，完全沒虧待我！只是，我說：「不賺工會的錢。」

我是《競進、存愛，電車情懷——香港電車職工會百年史整理》的編著者，文責不可能不負；只是，出版

▲ 電車工會會址保存了大量文字原材料。

合約由工會簽署，日後書本的一切法人權益，由電車職工會全權擁有。如此珍貴的一份歷史遺產，應該由他們完全管有！而屬於我「擁有」的，是普及版。寫成之後，小書命名為《百年來電車工人生活故事》。

用了一年時間，《競進、存愛，電車情懷——香港電車職工會百年史整理》的書稿於 2019 年 10月正式交付出版社；兩個多月後，脫胎自此書的普及版，也於 2019 年底交付出版社。

可以在兩個多月內便寫好、做好普及版《百年來電車工人生活故事》的圖加文的構思，因為我找了一位好拍擋合著——他是石秋新。跟秋新合作是 2018 年初的事，那時，跟他合作拍攝了兩輯短視頻。不知道大家看過了沒，就叫《走訪沉默大多數》。我和他，都是默默做事的人，兩輯視頻也以默默做事的人為受訪者。第一輯內的林偉光叔叔，就是一位默默守好一方土地的小兵。石秋新是三十出頭的年青人，特別生猛，思路活潑而同時辦起事來老成沉着，有一份來自實力的淡定。因為兩輯《走訪沉默大多數》合作愉快，很榮幸在這本小書延續合作關係。我欣賞他的判斷力，尤其是結合內容的美感判斷——我的手機鈴聲是《走訪沉默大多數》的配樂；該配樂就是石秋新的品味。別小看普及版內簡簡單單的舊報紙、舊新聞插圖，由圖像到新聞內容，都有他的心思。書稿的文字部分，是我倆合寫。

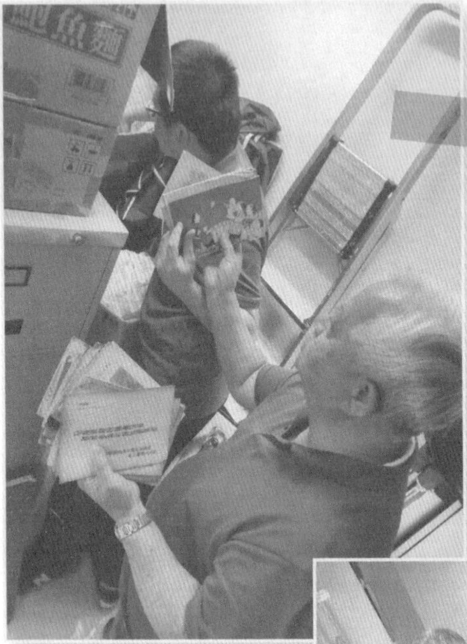

▲ 與何志堅叔叔一起整理原始材料。

要說的就這麼多，希望有更多人認識上世紀、尤其是前半葉（約 1900-1960 年前後）工人生活的面貌。曾經大盛的香港懷舊潮，不幸地把真正的當年生活給「懷」偏了、淨化及美化了。殖民地時期真實的工人生活，基層市民的生活，應該有更多人知道。不識過去，香港這個城市不會有未來。

余非

2020 年 2 月 14 日

石秋新序

這本小書謹獻給每一位為香港經濟起飛默默努力、承載無數普羅市民生計的電車工人。電車可以說是香港歷史最悠久的公共交通工具之一，運作這「活歷史」的電車工人更見證着香港物換星移，但不變的是電車工會與工人之間的那份情。就是這份工會情，令不少前輩提起筆桿，將工人的生活寫下來，甚至畫成漫畫，才能把他們肩並肩走過的路，留給今時今日的香港人回溯。

對於新一代的香港人，電車也許是富有殖民地色彩的集體回憶，亦是不少遊客探索香港本土情懷的對象。然而，大家有沒有想過，電車公司與電車工人其實也是殖民地時代的一個縮影、一種寫照。英國殖民主義在香港一直以來因着不同緣故被神化，香港人習慣將麥理浩時代後的香港社會特徵列入為本土情懷，往往忽略了英國殖民主義在大部分時間，起碼由 1841 年香港被英軍佔領至 1971 年麥理浩出任港督的 130 年間，香港人都受到殖民主義的壓迫，社會充滿欺壓和歧視。

這本小書收錄了多個五六十年代，電車工人用血肉保衞工友權益、捍衞工友尊嚴的故事，每一個都是有血有肉的真實故事。在翻閱電車工會先賢的文字和漫畫時，可以從他們的視覺去看殖民地下的華人生活，面對欺壓、不公義的對待是怎樣團結起來，不單為自身飯碗去爭取，為的更是一份應有的尊嚴。

這本小書的結構會由電車工會開始出現雛型的 1920 年講起，工會以「競進會」的名義成立，為求生存，不同年代以文康或慈善組織的型態出現。第二部分主要詳述工友備受壓迫的 1950 年代。這個時期，電車公司如何高壓處理罷工，從中可見到殖民地時代政商合流阻止工會運動的情況，利用種種方式如鎮壓、濫告等手段，就是要削弱團結工人的力量。第三部分描繪 1960 年代電車工人的日常苦況，也是 1950 年代的延續，雖然沒有直接衝突的事件，但從細微之處卻反映出種種不人道的規條，令人不禁歎息，這是我們熟悉的香港嗎？第四部分是記錄電車公司由易手九龍倉集團至今的情況，社會條件改善，但工人生活卻追不上，到目前電車工人的待遇仍值得去留意。小書的最後部分，收錄了電車工會前輩的畫作，以及部分五六十年代的珍貴照片。小書內文亦配以不同年代的電車工人漫畫及剪報，能成為當時情況的一點佐證或回憶，希望能帶給讀者認識電車工人最真實、最直接的一面。

有幸認識了作家余非，讓我可以站在巨人肩上去書寫電車工人的故事，這小書由策劃到付印都由這位嚴謹、認真的文人把關；書稿既不失當時的真實感，又可體會電車工人那種辛酸、那份捍衛尊嚴的決心，非一般人可做到。萬分感激余非給我機會學習，希望讀者也可從故事中感受到她的用心。

石秋新

2020 年 2 月 14 日

目錄

公務人員生活津貼調整辦法
警方拘捕
工友代表廿餘人
九龍城市場
最近可重建
貪隆中將抗議放逐
據稱決設法返泰國
收容災民

第一章

百年前的勞工與電車工人

清末民初，工人階層是朝不保夕、生活困扼的一群。

1919 年在五四新文化運動的帶動下，先進工人聯合起來，為勞工階級爭取合理的、像個人般的生活。在進步思想的鼓動下，工會及工人組織在五四前後紛紛成立。然而，工會發展於當時阻撓重重，工會骨幹人物也備受壓制。凡此種種，都是中國人及基層百姓在近代和現代史的命運寫照。

小知識

想感受當時的情況，可看發表於 1935 年的報告文學，夏衍的《包身工》。

在上述背景下，香港電車工人也於 1920 年醞釀及成立工人組織。電車在香港於 1904 年開始行走；發展十多年後，電車工人和電車司機在 1920 年前才醞釀成立「香港電車工業競進會」。他們雖不敢也不能打正「工會」旗號，但這無疑是電車工會的起點。「競進」是工人彼此「競賽進步」的意思，冀彼此在相互扶持中進取進步。

▲ 上 1904 年，香港電車開始行駛的時候，營業部工友為解決食宿困難和得到休息交談的地方，組織了一個外寓形式的七號館，這就是電車工人組織的雛形。當初並非十分具規模。

▲ 下 七號館逐漸形成了幫助工友爭取福利的氛圍。1920 年在全體工友的團結下，開始組織香港電車競進會。這時期，為解決工友的困難，向資方提出了加人工、發花紅、取消苛例、改善勞動條件等九項要求，在工會正確領導和工友的團結底下，經勞資雙方代表協商獲得解決。

（圖片來源：香港電車職工會：《電車工人畫冊》，1954 年）

發展初期，為了保護組織，電車工會以不同名稱、規模創造生存空間；求存過程中披荊斬棘，艱苦奮進，一步一腳印地穿越百年，來到今日。電車工會在發展中需要不斷改名，裝作屬於不同性質的新組織，掩人耳目，因為工人當年是真正弱勢。譬如 1925 年 5 月的「五卅」慘案，工人遭開槍鎮壓導致大量死傷，隨後便觸發省港工人大罷工。

為了生存，電車「職工會」有時要以文康或慈善福利組織的姿態出現，於是連名字也相應「非工會化」。在不同歷史階段，電車職工會有過不同名字，例如曾改名為存愛學會、人壽會。總之，是淡化「工人爭取權益」的性質，讓資方及政府以為是純粹為工人提供慈善救濟、文康及娛樂活動的組織。

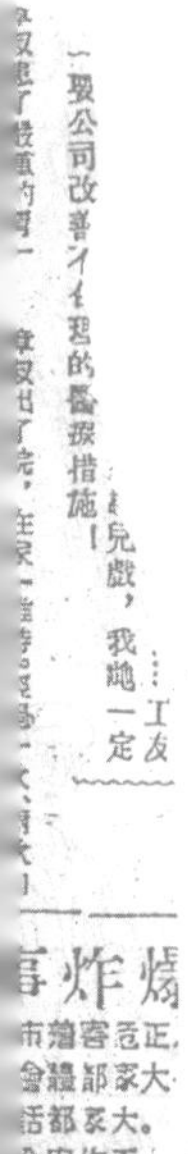

真實故事

故事一：
那舞台演完便拆，再演再搭

導讀

1931 年九一八事變後至 1945 年，中國經歷 14 年抗戰；之後，是國共內戰。整個中國積貧積弱，打仗打到民窮財盡。

受大環境影響，即使香港於 1945 年光復，但戰後「香港地」的生活相當艱困，社會百廢待興，市民物質生活匱乏。然而，苦中作樂，文藝活動可以不怎樣花錢，部分工人的精神生活於當時仍有樸實豐足的一面。

從以下資料，可以看看當年比今天大學生更有文青範式的電車司機。

熱情的交響曲

海燕

1948 年冬季的寒意，在人群中溶解了。熾熱的感情，在工友間交流着；台上，台前，台後，台下。雙號歌劇團十一月底的晚會，使年老的和年輕的工友打成一片。

這是一個最有意思的主題，演出的節目是「今時唔

▲ 上 電車工人長時間工作，日常生活幾乎都在電車上。以上照片中，工會工作人員將司機預先在工會訂了的飯餸和水，在站頭等待司機經過時立即送上給他們。

下 電車工會一向重視福利事業的發展。當年電車司機沒有正規的吃飯時間，經常捱餓，食不知味。電車工會提供的送飯服務，深受好評。

（圖片來源：香港電車職工會，1954 年）

▲ 上 當年存愛會的文藝表演。
下 當年工友的戲曲表演。

（不）同往日」，而今天聚在一起的工友的心情，何嘗又不是今時不同於往日呢！以後電車工人是一家，既無機營兩部之分，又沒有揸車收銀閂閘之別，從漠不關心到友愛精誠，從不相往還到唇齒相依。

六時，天空扯上了灰幕，耀眼的燈光掩映着舞台。盯着紅色前幕的是數百隻親切的眼睛，在夜色降臨前，在噼啪的掌聲中，司儀宣佈節目開始。在悠和的樂聲中，令工友們一天的疲倦盡消。

歌劇團表演是工友埋頭一個月排練的成就。一幕幕地上演，讓觀眾去欣賞和批評。誰説手作仔是老粗，他們照樣享受和創造自己的文化。台上的喜怒哀樂，也就是台下的愛憎。由歌劇掀動的、一小時多的情緒，在整個劇場內交流着。連觀眾自己，也像生長在劇情中一樣，走進了劇情。一個好食懶做的人，在新社會下變成了好人——這最後的一幕，給觀眾滿足和享受。那是健康的享受。

工友們踏着愉快的腳步回家。我敢担保，他們都會做一個好夢，那沒有人壓迫人的地方的夢。觀眾離開後的劇場，歌劇團的好漢，又一次發揮勞動精神的最高表現。幾十雙手，忙碌地把整個舞台拆下來。差不多是凌晨二時，大家才疲得要死地各自回家。大家都沒有為此而發牢騷，因為能夠讓工友們呼吸到健康的藝術氣息，足以補償一整天的勞頓。於是誰又會説起明早的開工呢。

資料來源：《電車工人》新一號。1948 年 12 月 30 日，頁 14。「工友園地」欄目下的散文《熱情的交響曲》。上文經文字打磨及改寫。

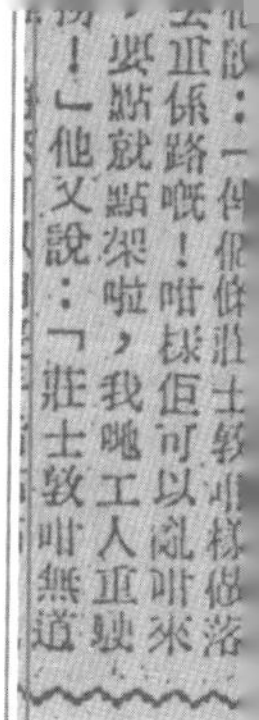

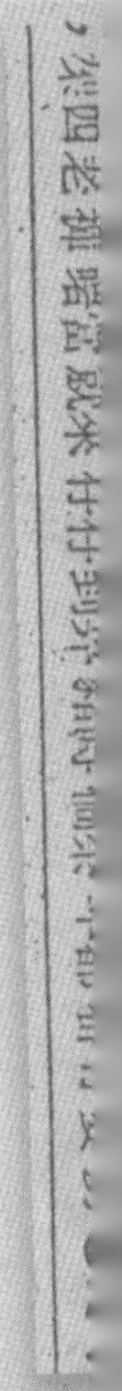

重點

1948 年是日本侵華結束後的國共內戰時期。那時因為社會原因及戰亂，普遍沒多少人曾接受完整的中小學教育。那時不會滿街都是大學生。然而，那時的他們——工人階級、一位又一位普通工人，其渴望被文藝啟發、洗禮的熱情，70 年後讀之，仍被深深地觸動！文字在樸實之中透着對生活與人生的冀盼。

1948 年的工人演出，條件匱乏，也沒有室內固定的表演場地，舞台一演完便拆。工友第二天仍需上班。

故事二：頻繁的話劇排演

成立戲劇組的意義和經過

1945 年和平後，我們雖然爭取到八小時工作制，而實際上每天還要連續工作九至十小時。我們真需要娛樂來調劑一下，以恢復一天工作的疲勞。賭錢決不是正當娛樂，勞神傷財。戲劇就成為我們最好的娛樂。然而看美國的電影不是誇大武器威力的戰爭片，就是肉感色情的歌舞片；看粵劇，劇目又多是封建思想的題材。這些含有麻醉性的東西，對我們有害。我們為着提倡正當的娛樂，更為着要從娛樂中認識現實，促使大家進步，於是集合十多位愛好戲劇的工友成立了戲劇組。此外，我們工資低微，實不足以應付日常生活的物價，工友的福利工作有及時開展的必要。我們希望戲劇組能夠對福利工作負一點經濟上的任務。其次，如果我們從不斷的工作和學習中培養出戲劇的專門技術，便能令劇運廣泛開展，對社會對個人都意義重大。這就是戲劇組成立的意義。

一開始工作就遇到困難。經費方面，因為工會無法撥支過大數目，演出費用必須設法自籌；其次，是我們工友沒有女性，女組員又需向外徵求。好在組員大家有足夠的信心和勇氣，終於一切困難都得到解決。

劇一組（單號工友）劇本選定了于伶先生作的三幕悲劇《心獄》，經過二十餘天的排練，去年十月二十日在孔聖堂工友聯歡會上演出。工友們擠得整個孔聖堂水泄不通，奠定了日後的基礎。十二月三日在青年會第二次演出，招待各界參觀，獲得各界人士好評。今年（1947年）一月十八日我們在劇協成立晚會上，演出許幸之先生作的獨幕劇《七夕》， 這是抗戰時期青年男女犧牲小我挽救大眾的悲壯事跡，也暴露流氓漢奸的醜史。三月八日在婦女節聯歡晚會上，我們演出改編的《流浪到香

▲ 電車工會初期曾以「存愛會」名稱存在，目的是淡化「為工人爭取權益」的目標。存愛會為工人提供文康及慈善活動。上圖是存愛會刊物的封面。

港》，把祖國內戰老百姓遭受流亡生活的悲慘情形搬上舞台。四月十五日在孔聖堂戲劇聯歡晚會上，演出我們改編的諷刺喜劇《特派大員》，是個暴露貪官污吏醜態的劇本。五月一日港九工團聯合慶祝「五一」勞動節晚會上，我們參加演出《繳吳楚霸王》， 是個利用粵劇形式的劇本。正報三十七期對這個劇有這樣一段話：「……《繳奀楚霸王》的滑稽劇，那是充分利用了粵劇的形式和技術而獲得成功的一個節目，在戲台上獨裁專制的魔王，從窮兇極惡到眾叛親離到窮途末路的自私、殘酷和卑怯的醜態，全部暴露出來，贏得觀眾共鳴的痛快。丑角動作的滑稽和油腔滑調，令人笑得眼淚都流出來了。」

劇二組（雙號工友）得到中原劇藝社胡榮光先生的協助而相繼成立。在劇協成立晚會上演出田克先生創作的獨幕劇《還鄉淚》。這劇是一群遭受戰害而流亡異鄉的老百姓，於慘勝後無法還鄉的悲慘事實。五月二日劇協第二次聯合大公演，我們參加演出集體編的獨幕劇《民主之光》，這劇把特務加害民主人士的殘暴行為揭發無遺。最近正加緊排練《演出之前》和《劫報》，不久就可以演出。

我們是這樣不斷的演出，從不斷工作中，學習、學習、再學習，以求取進步。

在香港職業劇團遭受客觀環境的困難，難於展開工作的今天，業餘劇運應該廣泛地發展開來。我們謹以無限的熱誠歡迎先進的指導批評和工友的參加，使它擴大和發展。

資料來源：以上引文均摘自《成立戲劇組的意義和經過》，由「組員」撰寫，刊於 1947 年 7 月 25 日出版的《存愛會刊》（復刊號）。上文經過潤飾及打磨。

重點

五點觀察

1. 文章的材料很有生活氣息。最大感觸是當年的電車司機，比今天的大學生更文青，對文學閱讀的態度更積極！時代進步，在物質文明更豐富的今天讀此文，讓人反思生活。

2. 文章說的是和平後 1945 年中至 1947 年中的情況，生動、充實地呈現了當年工人階層的生活及精神面貌！這種資料的鈎沉保留，被留下來的不只硬材料，更是軟性的、當時部分左派工人的思想及精神面貌。

3. 那時已擴大為代表全廠的電車工人組織「存愛會」，成功爭取八小時工作制度。別小看這今天看來是理所當然的工作時數，原來於當時是「破百年來新紀錄」的成功爭取；即使於實際而言，當年的工友工作時間仍然是九至十個小時。

4. 為了恢復一天的疲勞，人們需要可以放鬆精神的文娛康樂。文中對坊間娛樂情況的點評，保留及真實生動地呈現了某類老實工人的所思所想。此外，在華人社會衣着仍然保守，戰後百廢待興、生活物質條件仍然匱乏的情況下，荷里活電影內過於華麗「肉感」的衣着，與工人現實生活不符的甜美生活，確是跟仍為生活而勞碌奔波的窮工友格格不入。

5. 文中有一細節很值得留意：劇組分劇一組及二組。從中反映當時演出頻密。演出頻密又有何稀奇呢？別忘了，他們都是一天工作九至十小時的勞工階層。他們的演出，全部用工餘時間排練，還要消化有文學重量的劇本，甚至包辦搭建及拆除表演舞台。如果不是在貧困中對生活充滿熱情，難以在一天辛勞、假期罕有之下，還可以維持頻密演出。

故事三：寫實長篇小說筆下戰後的香港

導讀

戰後的香港百廢待興，舉例，別說租金貴或者房少難租了，就算付得起租金或租到樓房，也可能是戰時受損的舊樓或危樓。香港 1950 年代的作家侶倫，他的寫實小說《窮巷》於 1948 年開始動筆及部分在報上連載（不是全部），於 1952 年正式以長篇小說方式出版。小說內述及當年生活。以下是第十一節「失業漢的活劇」的片段，寫主角杜全「假裝上班」。以下引文，呈現當年戰後的居住情況，讓大家對那時的生活更有實感。

在另一頭，杜全已經走到街尾。照例他是轉個角落，便由那開在第一間樓房側面的門口閃進去，一直由樓梯跑上四樓的天台。這一排樓房的天台木門，在淪陷時期給歹徒們撬去作燃料賣錢，所以每一張樓梯都可以由街上直通天台的。杜全為着避開旺記婆和阿貞的視線，便選擇了有轉角掩護的第一間樓房的側門，作為演他「上班」把戲的孔道。跑上天台便可以跨過一列樓房的天台，回到自己的住處。

侶倫：《窮巷》（香港：三聯書店，1987 年）

小知識

侶倫及《窮巷》簡介

侶倫（1911-1988），生於香港。原名李林風，筆名林下風、林風等。

1919 年入小學，後因家貧中途輟學；之後曾入讀英文學校，也因經濟問題中途退學。1926 年在香港《大公報》發表詩作，並開始從事文學創作。

侶倫寫作時間前後橫跨 60 年。上世紀 40、50 年代是他創作的高峰期。1952 年初版的《窮巷》是其小説創作的高峰。侶倫於當年擁有大量讀者，是非流行文學行家而可以暢銷的罕有例子。

《窮巷》以第二次世界大戰後的香港為背景，講説香港社會低下階層小人物的故事。二戰結束、抗戰勝利，卻並不意味着苦難從此結束。當年香港及大陸於戰後都經濟蕭條，百業凋敝，民不聊生。

《窮巷》寫香港的情況，揭示貧困中富有者為富不仁（如包租人周三姑），惡勢力橫行霸道，壞人巧取豪奪（如王大牛夫婦逼良為娼），香港的窮人處於一片混亂與黑暗的境地。小説內的幾位主角，在生活壓迫下奮力掙扎。在動盪的大時代下各自有不同的命運及際遇，反映戰後初期香港社會的貧困與不安定。《窮巷》曾多次在香港及澳門被改編為廣播劇，在當年深受歡迎。

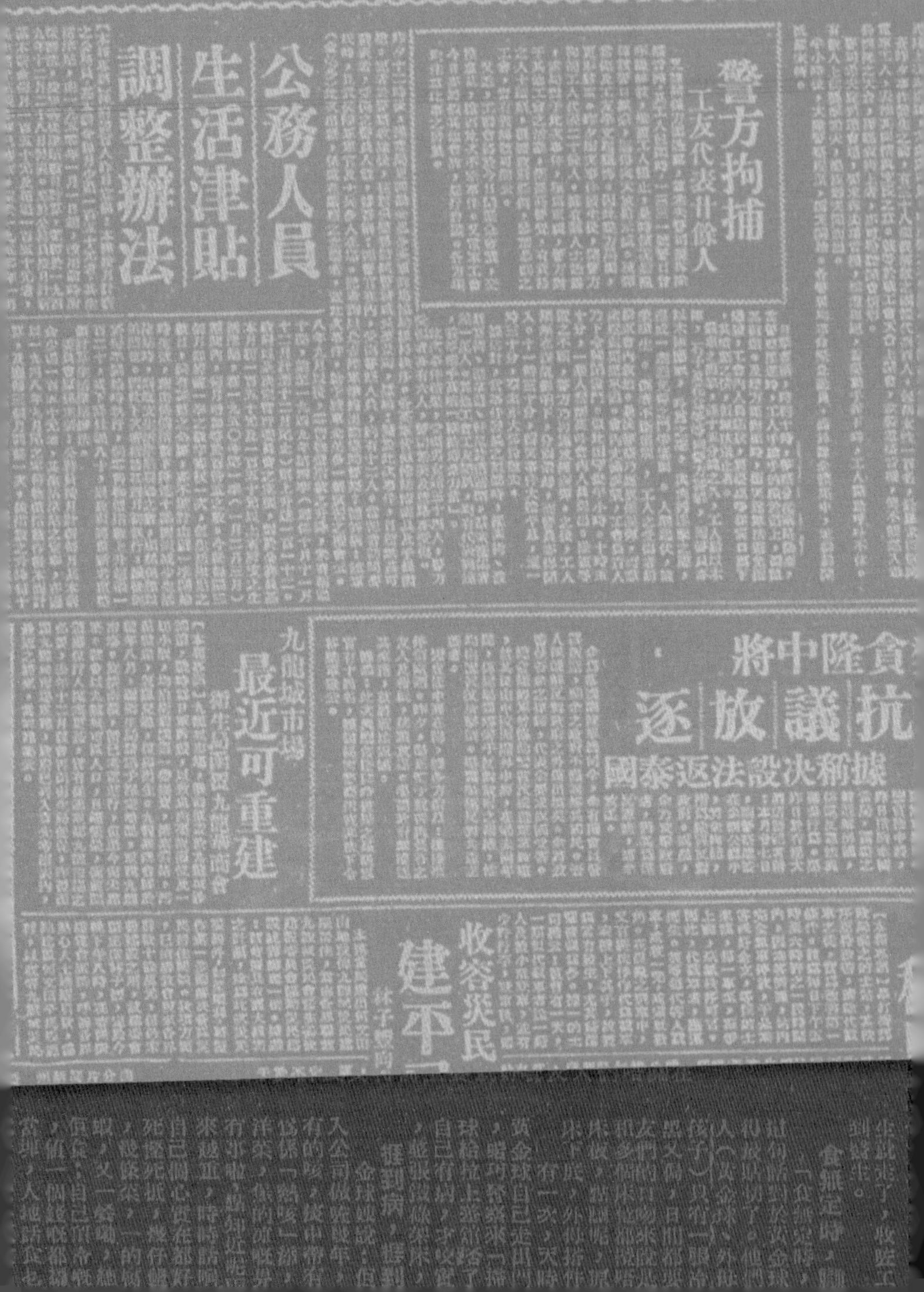

公務人員生活津貼調整辦法

警方拘捕

工友代表廿餘人

貪隆中將抗議放逐

據稱決設法返泰國

九龍城市場

最近可重建

收容災民

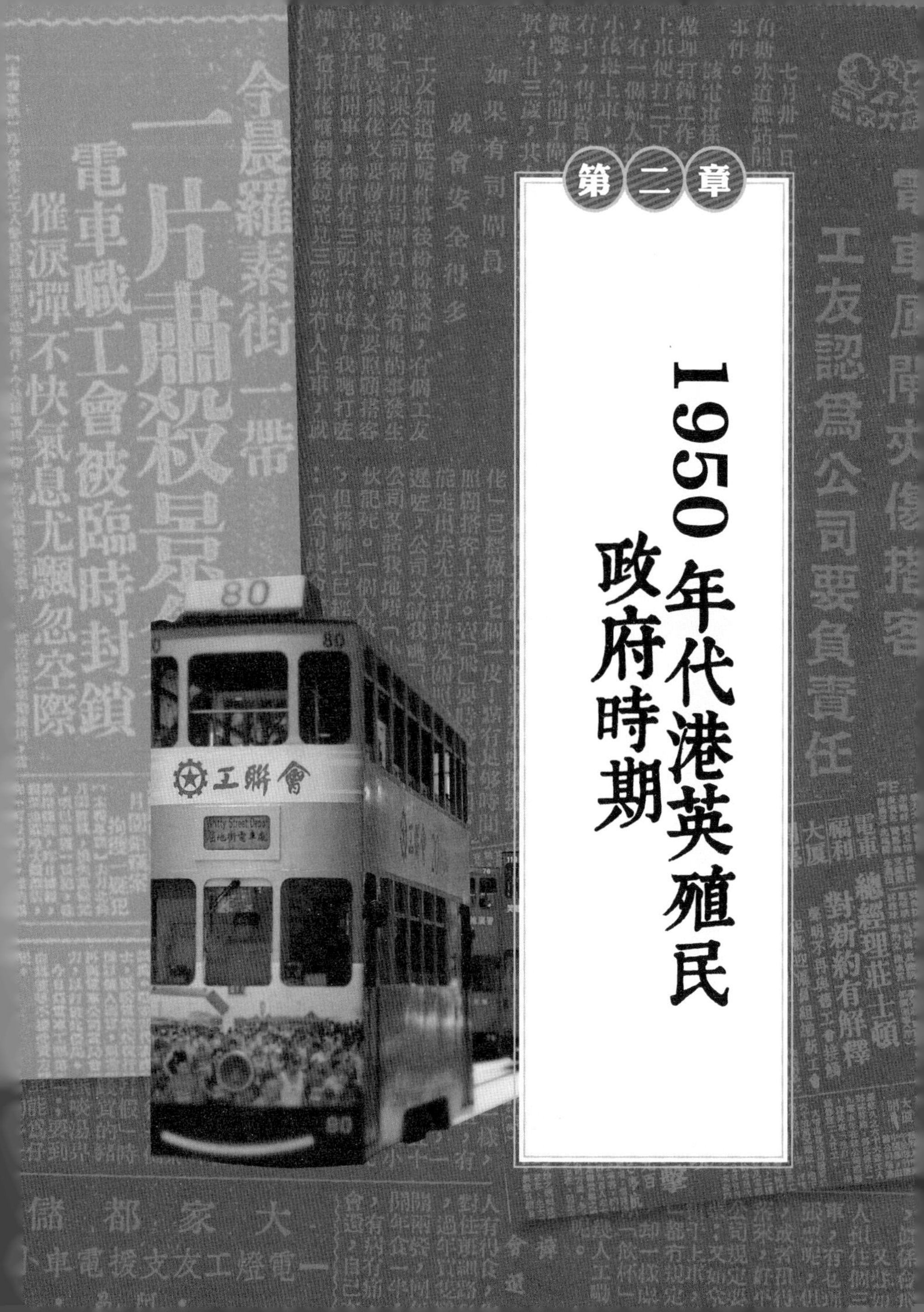

第二章

1950年代港英殖民政府時期

只要稍為認識發生在香港電車工人身上的「羅素街血案」以及「莊士頓除人事件」，你就會明白 1950 年代的工人生活。

第一節
羅素街血案

重點

「羅素街血案」抗爭，於 4 天工人怠工、資方停工關廠 44 天，合共 48 天之後結束。而發生流血衝突的是 1 月 30 日晚。

且注意，工人只是怠工，而把行動躍升為停工關廠的，是資方。

資方之所以要關廠，是行「沒工開、沒糧出」的飢餓策略。以斷糧方式逼工人退讓。

1. 羅素街血案過程梗概

1949 年 12 月 24 日到 1950 年 2 月 9 日發生了歷時 48 天的抗爭事件，因事件流血收場，又稱為「羅素街血案」。於互聯網時代的今天，如在網上查找此事，你會發現，真正流了血的「血案」，沒有「血案」二字，被中性化為「事件」。用「羅素街事件」搜索，會更容易找到相關資料。而「羅素街血案」在互聯網世界以「羅素街事件」出現，也是一場話語權的角力。

一直以來，香港島市面的交通，就靠電車工人的廉價勞動力來維持。然而，1949 年前後物價飛漲，香港電車工人不得不提出增加津貼，以補償實際工資的損失。工人在得不到回應下，於 12 月 24 日以怠工方式表達不滿。4 天怠工行動後，資方不為所動，仍然態度強硬地拒絕解決工人的生活困難問題，並反過來，於 12 月 28 日、元旦前索性關廠停車！令電車工人從此被迫進入漫長的停工階段。在此且注意，將行動升級的是資方，不是勞方。

其間，港英政府採取偏袒資方的態度，相關部門置工人生活痛苦於不顧，企圖配合資方「沒工開、沒糧出」的飢餓策略，圖令工人屈服。另一方面，又在警力上佈陣陳兵，令工人有精神壓力，企圖以威嚇手段打壓工人。

工會的要求很簡單，只不過是要求增加特津，令工人吃得飽、穿得暖而已。這樣的僵持式抗爭總共維持了 44 天，是工會一次反飢餓、反分化、反壓迫的大型鬥爭。在雙方對峙之下，1 月 30 日終於起衝突。當晚工人一再忍讓，駐守工會的警方卻不斷主動挑起矛盾，結果製造了「羅素街血案」。當晚的詳情，後文有清楚細緻的陳述。

▲ 1949 年 12 月 28 日，資方強行關閉車廠，工人正式被迫停工一段日子。

（圖片來源：香港電車職工會保障生活委員會編：《電車工人 · 保障生活鬥爭特刊》（非賣品），1950 年 6 月 15 日）

血案發生後社會輿論對警察及資方的行為予以譴責。結果，資方施壓失敗，工會最終令資方恢復開車開工，並成功爭取實現協議中的各項條件。資方也同意了勞方提出的特別津貼的解決方法（在起初以至鬥爭期間資方都是拒絕的）。總括而言，鬥爭於 4 天工人怠工、資方停工關廠 44 天，合共 48 天之後結束。

2. 聚焦 1 月 30 日鎮壓當晚的情況

1950 年 1 月 30 日晚上，港九 38 個社團，聯合在電車工會天台舉行慰問被壓迫電車工友的大會。類似的慰問打氣大會，在幾十天抗爭中不時舉行。1 月 30 日當晚，港英政府既重兵佈陣，也封鎖街道入口以製造緊張氣氛。最終，在警方一再主動挑釁之下爆發衝突。是晚，警方派出武裝警察、軍隊，使用衝鋒車，出動機槍、催淚彈、衝鋒槍、籐牌、槍擊棒等武器對付及毆打工人。事件中，重傷職工兄弟30餘人，輕傷者約70、80人（過路市民受傷者未計在內）。

港英政府主動挑起這一次流血慘案後，於 1 月 31 日早上封鎖工會，在工會周圍佈置警力，拘捕工會領袖多人，大肆搗亂工會之餘，還將工會內的中國國旗撕毀。

1950年2月1日，根據所謂「遞解外國人出境法」，將工會主席劉法、工會總糾察植展雲、38 個社團總代表周璋等多人遞解出境。1950、60 年代，只要你並非在香港出生——例如是在內地出生，一句港督不歡迎你，就可以把你遞解出境。

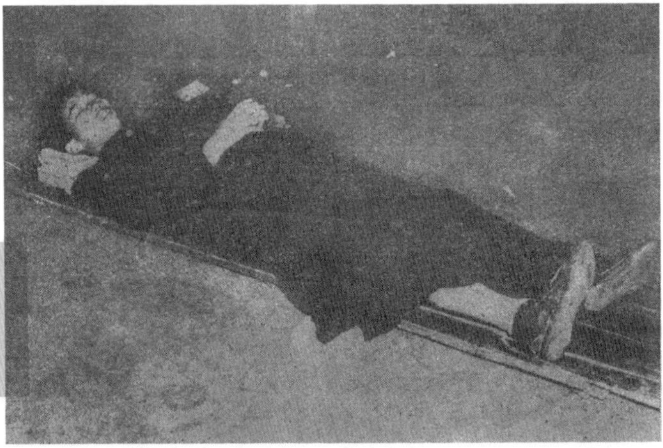

▲ 上 1 月 30 日晚上，港英政府重兵佈陣，封鎖羅素街入口。
下 羅素街血案重傷工友李文昭。
（圖片來源：香港電車職工會保障生活委員會編：《電車工人 · 保障生活鬥爭特刊》（非賣品），1950 年 6 月 15 日）

真實故事

導讀

先讀 1 月 30 日羅素街當晚的細節，再讀反映 1950 年代工人概況的黃金球個案故事，便能對當年香港工人的實際處境有一個較全面的理解，也能明白工人團結起來爭取福利，致令工運頻生的原因。

故事一：血染羅素街

血染羅素街

競

香港灣仔區的羅素街是一條狹窄的小街道，由東至西不過數十幢二、三層的小樓房。電車公司就設在街的西端和堅拿道東夾口處。由這裏一直向街內伸延，連同車廠間足佔了整條羅素街南邊一半以上的地段。連接着車廠間的是天祥汽車行側牆，也一直伸延到街的東端和密地臣、波斯富街夾口的地方。這樣，羅素街的民房就只能築在靠北的一面了。在這一列小樓子中間的一座樓子朝街的台口處，豎立着一塊紅底白字的牌子，上面寫着：「香港電車職工會」——這就是保障香港工人福利的堡壘。

自從去年十二月廿八日電車公司用關廠除人的手段，冀圖分化、壓迫工人之後，每天，慰問的隊伍不斷從各方面如潮般的湧到羅素街，湧上電車工會。平時電車出廠回廠的叮噹聲，現在完全被反飢餓反迫害的吼聲代替了。

這是卅八個被迫害團體到來慰問的一夜。工人一早就準備好；佈置了天台會場，派出了糾察，準備歡迎他們的嘉賓，他們的戰友。

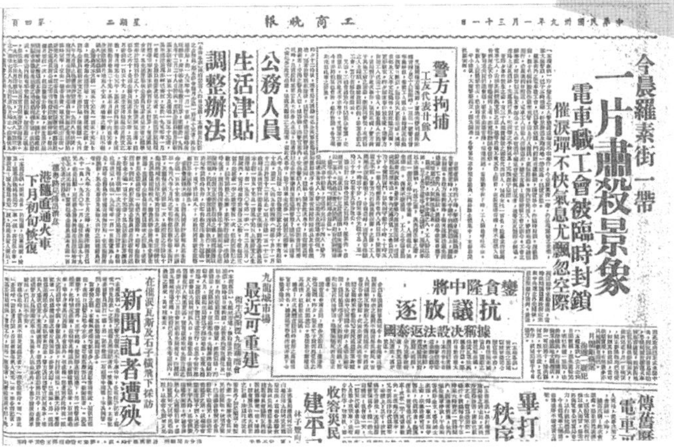

中華民國卅九年一月三十一日　工商晚報　星期二　第四頁

今晨羅素街一帶
一片肅殺景象
電車職工會被臨時封鎖
催淚彈不快氣息尤飄忽空際

警方拘捕
工友代表廿餘人

公務人員
生活津貼
調整辦法

港穗直通火車
下月初旬恢復

鑾貪隆中將
抗議放逐
據稱決設法返泰國

九龍城市場
最近可重建

新聞記者遭殃
在催淚瓦斯及石子橫飛下採訪

▲ 當年屬右派陣營的《工商晚報》報道即晚的現場情況時，也用上「一片肅殺景象」來形容 1950 年 1 月 30 日的羅素街。由此可見，刁斗森嚴並非因為當晚有突發衝突，應是港英政府早有計劃，刻意加派警力，打算動手去「清除」這個保障香港工人福利的陣地。

（圖片來源：翻攝《工商晚報》，1950 年 1 月 30 日）

但是，首先來到羅素街的卻是一輛輛警車、衝鋒車，載着一隊隊頭戴白鋼盔或深綠鋼盔，手執籐牌、警棍，腰際掛着防毒面具的衝鋒隊。這本來是不足為奇的，自公司關廠之後，羅素街就平添了不少警察。尤其是每次有慰問會的時候，警察也一定隨着增多。不過，這一晚不但警察人數大大增多了，而且往常很少見的衝鋒隊和救傷車也來了；那種不同的來勢，那種刁斗森嚴的景象，和往常很不相同，敏感的人，也許會意料到這一晚會有不平凡的事發生。然而，甚麼力量能阻止這兩支鬥爭隊伍的滙合呢？甚麼力量能使遭受飢餓和迫害的人低頭呢？

七點多鐘，慰問隊伍便從各方面開來了。他們沒有被這種如臨大敵的軍警林立所嚇怕，在電車工人的熱烈招待下，通過了軍警的重重監視，青年朋友魚貫走上工會天台。天台並不很闊大，僅能容納二千多人。很多來得較晚的友群便留在街上和工人糾察排在一起。這時工會的天台已經變成一片滾沸的大海，二千多顆爭自由、求溫飽的心緊緊地結合着；此起彼落的歌聲，爆竹般的掌聲，一個個浪潮似的震盪着天台的上空。這浪潮經過擴音器在職工會播送開來，街上的工人和青年朋友圍着傾聽。他們雖然地各一方，但跟在同一會場是沒有分別的；一樣唱着笑着，對於鬥爭的人群，甚麼能夠將他們分開呢？

八點鐘，慰問會開始。

「起來，不願做奴隸的人們！……」雄亮的國歌聲同時在天台和羅素街轟雷般吼出來。唱完國歌之後，跟着是主席講話。時間差不多過了廿分鐘，一位西籍警官突然匆匆地跑上工會，開口就厲聲說：

「上天台叫負責人下來，限五分鐘！」

但是，當會內工友跑上天台之後還不到三分鐘，西籍警官便怒氣沖沖的走到樓台口，用手將電線扭斷，拆下擴音器，夾了就走。會內的工友勸警官將已拆掉的擴音器留在會內，以免讓工友看見時，事情也許會擴大起來。可是，警官卻絕不理會地昂然走下去。街上的工友看見他夾着擴音器下來了，便群起要求交回，嚷着，叫着。這是一個嚴重關頭；幸而在工人糾察竭力維持秩序之下，這關頭是渡過去了。

▲ 羅素街工友集會被洋警官拆走擴音器，在場工友情緒激動，工會糾察仍竭力維持現場秩序。
（圖片來源：《電車工人 · 保障生活鬥爭特刊》（非賣品），1950年6月15日）

堅拿道東羅素街入口的地方，早就擠滿了參加大會被阻的群眾。他們在據理爭持着，爭持他們應有的自由。是自己的工會，為甚麼不能進？是自己的朋友，為甚麼不能參加慰問？

這時警官正好拿着播音器走出來，在一輛警車前站着，將手中皮鞭猛力揮向身旁憤怒的群眾。

「警官打人！」

「為甚麼打人！」激怒的人吼着。

警官繼續揮着鞭子，旁邊一個被打中的工人跟他據理爭持。警官趁勢飛起一腳，正巧踢中那工人的腰際。他倒下去了。警官迅速地跳上警車向跑馬地飛馳。

羅素街的情勢顯得更嚴重了。警官強取擴音器後，衝鋒隊將剛才的曲尺隊形變成了一字形，橫排在羅素街，擺了幾重的進攻陣勢；戴白鋼盔的身材高大的站在最前，戴深綠色鋼盔的較矮小的站中間，後面是西籍警官。每一個人手中的警棍挺直在肩前，籐牌緊靠在腰際，似乎是等待進攻的命令。警方愈將情勢弄得嚴峻，群眾的怒火愈高漲。為了避免發生衝突，工人糾察在軍警的跟前，手扣手地密密排了幾重。

警察在吆喝，群眾報以雄壯的歌聲「團結就是力量……」。歌聲，口號聲，呼喝聲，交織成大流血前的序曲。

在這之前，工會負責人已經與警方交涉，要求不要將事情擴大。現在問題是這樣：警方要群眾馬上退出羅

九五〇年二月一日 星期三 華僑日報 WAH KIU YAT PO 農曆己丑年十二月十五日 港聞一

全面封鎖羅素街

港府發聲明

港府指出 事前經有警告 取締煽動演說

電車公司大班逝世

中華民國卅九年二月一日 工商晚報 星期三 第四頁

航行珠江口貨船 屢遭國機空襲 輪貨兵險保費一再提高

今晨羅素街附近 警察仍然戒備 被拘四十二人今晨提審

中航案今晨公審

在美訂購大批飛機配件

港穗火車今日未能直通

開始審查

穗商紛紛來港

九龍警員五百餘名 調到灣仔防衛 特別巡邏隊昨開始出巡

函請女青年會 保留勞工夜校

▲ 上 當年《華僑日報》在事發翌日的報道指，政府全面封鎖羅素街，出動 800 餘警員，更指曾出動陸軍。從中可見警方對待電車工人用上的絕非是普通部署。

（圖片來源：翻攝《華僑日報》，1950 年 2 月 1 日）

▲ 下《工商晚報》事發翌日刊載了一張警察守在羅素街街口的照片，從中反映當年港英政府對待羅素街血案是何其緊張。

（圖片來源：翻攝《工商晚報》，1950 年 2 月 1 日）

素街，而警官強取了工會的擴音器不肯交還。工會負責人根本沒有辦法憑一張嘴，去勸説被激怒了的工人。

資料來源：香港電車職工會保障生活委員會編：《電車工人 · 保障生活鬥爭特刊》（非賣品），1950 年 6 月 15 日，頁 13 及頁 17。

導讀

八點觀察

1. 1950 年 1 月 30 日晚上，港英政府出動武裝警察、軍隊，使用衝鋒車、機槍、催淚彈、衝鋒槍、籐牌、槍擊棒毆打工人，至重傷職工兄弟 30 餘人，輕傷者約 70、80 人（過路市民受傷者未計在內）。流血慘案發生後，警方於 1 月 31 日早上封鎖工會，在工會周圍佈置警力，拘捕工會領袖多人，並將工會內的中國國旗撕毀。1950 年 2 月 1 日更根據所謂「遞解外國人出境法」，將工會主席劉法、工會總糾察植展雲、38 個社團總代表周璋等三人遞解出境……這些，就是殖民地香港。這方面的歷史材料必須有更多人重視及整理，「香港史」才會更加立體。

2. 電車工人的歷史有條件被整理，是因為當時他們出版文字刊物，用今天的字眼是「自己發聲」。這些留存下來的小冊子，留下了一篇篇陳述仔細、在行的文字記錄，每一篇都是身歷其中的參與者很真切的觀察與感想，於今天而言，成了歷史訊息的寶庫，完整地保留了當年工人的聲音。

3. 以羅素街血案為例，如果沒有當年即時記下來的細節，後來者不容易知道是誰主動挑起事端。因為一般報章的記者報道，再緊跟發展，也是「外在」觀察。外在觀察固然也有需要，可是，臨場者才能知道關鍵細節。有血有肉的、事後速記式的記錄，是無可取代的一筆。

4. 細節陳述令讀者知道誰挑釁、誰據理力爭。有細節，才有相對的真相。

5. 且注意，工人們不是在市中心集會，是在自家工會的天台集會。

6. 同時要注意，令廠房關廠的，是資方，不是工人。

7. 資方關廠，是行「沒工開、沒糧出」的飢餓政策。當策略在 40 多天都未能成功迫使工人就範時，便出動武力鎮壓。可以預料，血案如果不是在 1 月 30 日，也會在 1 月 31 日、2 月 1 日……出現。長駐工會所在地街口的武裝警察，是待命伺機出動。

8. 殖民時代的勞資角力，是力量不對等的較勁。因為資方並非單獨作戰，資方背靠的，是可動用警力的殖民地政府。

故事二：
1050 號電車公司司機黃金球之死

一〇五〇號電車公司司機黃金球工友之死

1954年3月24日，1050號司機黃金球病臥在「冷巷」的床位上，輾轉反側，非常痛苦。「冷巷」是廣東話，意思是房間之外的走廊及過道。通常是比房間、板間房更便宜的「住處」。

在臥病的日子裏，黃金球曾經時常講起這幾年來他在公司的工作和境遇。當外人問及他的病況，問他是否還有機會痊癒時？黃金球就禁不住流出兩滴淚珠。想及家人今後怎樣生活，三個孩子怎樣撫養成人？黃金球悲從中來之餘，告訴自己——再辛苦都要撐下去。他時常對孩子說：「要聽媽媽話，用心讀書。過些日子我病好了，可以上班開車就有收入，就跟你們去茶樓飲茶。」

孩子們知道爸爸病得辛苦，也的確比以前更聽話了，也更勤力讀書。學業有進步之餘，還幫忙做家務。大孩子炳華就常常揹着小弟弟，搬一個箱子，在靠天井較多陽光的地方做家課。黃金球工友見着都感到安慰。

今天、3月24日，黃金球看來心神不定。他睜着眼

▲ 電車工會發行的《電車工人畫冊》，圖文並茂地記載了工友黃金球病逝的真實個案。黃金球睡「冷巷」床位，辛勞工作至捱病。病死後遺下妻兒……這些遭遇，是當年不少工人的寫照。

（圖片來源：香港電車職工會：《電車工人畫冊》，1954 年）

▲ 黃金球病臥仍想念着孩子，期盼痊癒後可帶孩子上茶樓。如此卑微的願望卻無法達成。

（圖片來源：香港電車職工會：《電車工人畫冊》，1954 年）

睛喚自己的孩子，叫孩子去買一點餸菜回來給他做飯，他想「吃齋」。孩子依照爸爸的吩咐去買了一點齋菜回來，再給他煮飯。飯煑熟了，孩子叫亞爸吃飯啦！

「亞爸」！「亞爸」！

亞爸沒有回應，已吐得一床是血！炳華想到從此無父，嘩的一聲哭了起來。同樓住客和家人立刻召「十字救護車」送院。炳華揹着小弟弟，哭着要跟上救護車，誰知黃金球在途中已氣絕死了。

吃這口飯不容易

黃金球是 1948 年 3 月 31 日入職的。電車公司會為任何入職員工做體檢，因為運營的是要接觸大眾的交通工具。全身檢查顯示，黃金球眼、耳、口、鼻樣樣都合格，心臟檢查也過關。金球嫂知道得最清楚：他不是以前就有這個病的。街坊們也有目共睹：黃金球體格魁梧，不應該早死。難怪工友們都説：他是在公司捱病死的。吃這口飯不容易。

上早更的電車司機，早上五點鐘就要抵達公司報到，即是凌晨四時多便要起床上班。之後，直落八小時開車。在車上沒得走動，又要瞻前顧後，精神少一點也不行。吃了飯上班辛苦，不吃飯上班更辛苦，要由早上八時一直開車至下午三時多才到午飯時間，不容易啊！按戰前人少車少的標準定下來的行車及到站時間，於人多車多

▲ 每個電車工人像黃金球一樣，入職前會有體檢，顯示身體正常，工作了一段時間就捱出病來，可想而知電車工作環境及待遇有多糟糕。
（圖片來源：香港電車職工會：《電車工人畫冊》，1954 年）

的戰後已不適用。路線長，站多，乘客多，上車需時，時間上很難鐵板一塊。公司卻快三分鐘不行，遲三分鐘不行，所有不合理的要求不但增加了工友沿途照顧乘客的困難，對工友的健康也造成很大損害。黃金球胃病、肺病，甚至吐血，都是由工作太過緊張辛勞而引致。所謂「返工一條龍，收工一條蟲」，是工人的寫照。你看每個工友下班收工時都兩眼深深、手軟腳軟、腰骨刺刺痛、面色灰白便知道，真像已死了般的疲累。至於公司醫生，下午兩點多便走了，工人奉旨看不到醫生。

特寫

一〇五〇號電車公司司機黃金球工友之死

叫極唔見亞爸應

三月廿四日，一〇五〇號司機黃金球工友病臥在冷巷的床位上，輾轉反側，非常痛苦。

在這些臥病的日子裏，黃金球曾經時常講起這幾年來他在公司的工作和境遇；問及他的病是否還有希望，想到他的家人今後怎樣過活，他的三個孩子怎樣能夠長大成人，眼眶裡總是禁不住流出兩滴淚珠來，使人同樣感到非常難過。但是，他表示自己無論如何辛苦都要捱下去。他時常對孩子們說：「要聽媽媽話，畀心機讀書。遲吓我病好咗，返得工，有銀紙，就同你哋去飲茶。」

孩子們知道爸爸病得辛苦，也的確比以前更聽話了，更勤力讀書了；學業有了進步，肯幫助家庭工作。大孩子炳華就常常預住細佬，搬個箱到露大非較光的地方做功課。黃金球工友也因此而感到一點慰籍。可是，今天看來，黃金球的心情是非常混亂的了，他睜着眼睛望着自己的孩子，叫孩子去買一點餸回來給他煮飯吃，他要「食齋」。孩子依照着爸爸的吩咐，去買了一點齋菜回來，給他煮飯吃。飯煮熟了，叫亞爸食飯啦！「亞爸」！

「亞爸」！

「亞爸」！

叫極都唔聽見亞爸應，但見亞爸嘔到成床血！炳華想到要是亞爸死了，「就冇人搵錢，就冇飯食」，「嘩」的一聲哭起來，同樓和家人知道了，立刻叫「十字車」，車去醫院。炳華還預住細佬哭着要跟上車去，誰知黃金球就在途中氣絕死了。

呢碗飯的確唔易食

黃金球是一九四八年三月十一日入電車公司工作的，任何一個工友入公司工作，都一定要經過醫生的全身檢查，眼、耳、口、鼻樣樣都要認爲合格的，如果有心臟病，或者在檢查時「心跳跳」都不能過關。金球嫂知得最清楚：佢唔係「罪斷」有死個症。街坊們也有目共見：黃金球體格好大件，唔應該咁早死。難怪工友們都說：佢係喺公司捱病，死嘅。呢碗飯的確唔係容易食，好似返早更咁樣，朝早五點鐘就要返公司報到，四點零鐘就要起身，直落八個鐘頭，響車上有得行，有得走動，又要望前，又要顧後，精神少的都唔得。食咗飯返工，又咁辛苦，唔食飯返工，一直餓到下午三點幾，飯點頂呢！戰前人少車少時訂下的行車時間，現在人多車多了，還是一樣，路綫有咁長，咁多站，快三分鐘唔得，遲三分鐘亦唔得，所有呢的情形，不但增加了工友沿途照顧搭客方便的困難，對工友的健康也有很大的損害，黃金球工友胃病、肺病，甚至吐血，都是因爲工作太過辛苦而來。所謂「返工一條龍，收工一條虫」，真係有假嘅，你睇個個工友收工都兩眼深深，手腳軟，個腰骨刺刺，面色灰白，好似死嘅一樣。下午兩點零鐘，公司醫生就走了，收咗工，舉旨睇唔到醫生。

食無定時，瞓無實口

「食無定時，瞓無實口」這句話對於黃金球說來是形容得最貼切了。他們這一家六口人（黃金球、外母、妻和三個孩子）只有一張冷巷床位，又黑又側，日間都要點燈，用工友們的口吻來說是「打工仔租多個床位都攪唔掂」，得三件床板，點瞓呢，原來是大仔瞓床下底，外母搭件板瞓床尾。有一次，天時認真翳焗，黃金球自己走出門口騎樓底瞓，啱巧警察來「掃街」，黃金球給拉上差館，踎了一晚，加上自己有病，才咬實牙根標份會，整張鐵碌架床，分多一隔。

▲ 黃金球之死的故事經《電車工人快訊》報道後，轟動一時。報道以特寫形式將黃金球及其家人的慘況如實地描繪出來，是當時無數電車工人的寫照。

（圖片來源：香港電車職工會：《電車工人》，1954 年）

食無定時，瞓無竇口

「食無定時，瞓無竇口（睡無定處）」這句話對於黃金球來說十分貼切。他們一家六口人（黃金球、外母、妻和三個孩子）只有一張冷巷床位，又黑又翳焗，日間都要點燈。用工友的口吻來說，是「打工仔，多租個床位都負擔不起」。所謂租下來的「床位」，不過是三條床板合起來的處所。怎夠一家人休息之用呢？原來是大仔睡在床下底，外母就在多加一條床板之後睡床尾。

有一次，天時認真悶熱，黃金球索性走到外邊大廈騎樓底睡覺。恰巧警察「掃街」，黃金球被拉上警察局過了一晚。後來黃金球真的捱出病來了，一家人才咬實牙根「標會」（按：「會」是一種民間合資儲蓄工具，每月按時把錢給會頭，每月可得利息。），買了一張鐵雙層床，再自行加建一層，讓一家人叫做有個似樣的睡處。

捱到病，捱到死

金球嫂說：他進電車公司做了幾年，看着他最初有咳嗽，痰中帶血絲，還以為是「熱咳」。於是買了西洋菜煲凉一點的湯水替他散熱，以為這便有用。誰知近兩年病情越來越重，時常在車上吐血！我知道後心很難過，惟有省吃省用，母子吃的是幾條菜、一點腐乳、或者鹹蝦，便是一頓飯，總想將省下來的錢買點像樣的給他吃。

自己禦寒的毛衫拿了去當鋪，值一個錢的都拿去典當，人家說對他身體好的，都盡可能買給他吃。可是，他的健康總是好不起來。上班不足幾天，便又病倒幾個星期。去年年廿八，又在電車上吐血，後來被迫坐的士回家，剛到家門口又再吐血，真把我嚇得三魂不見了七魄。自己時常勸他：你精神差，就不要上班吧！他總是說：我也想休息，怎行呢？看着你沒有家用，手停口停，一家幾口，沒糧出去哪裏找吃的呢？

▲ 黃金球工作辛苦，吃無定時捱到染上肺病。某次在電車上吐血，由工友送他回家。
（圖片來源：香港電車職工會：《電車工人畫冊》，1954 年）

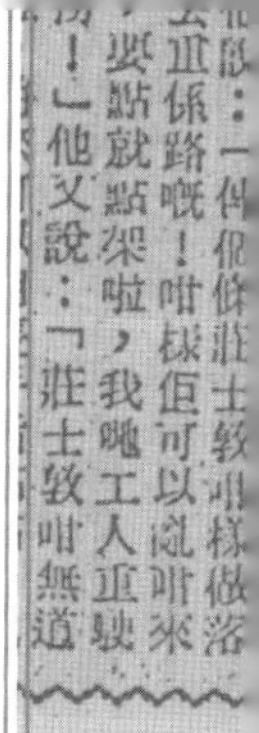

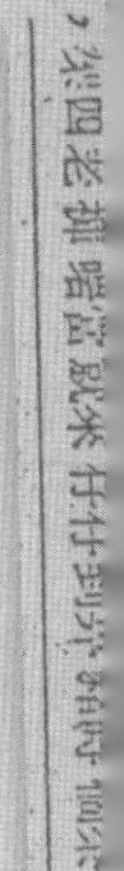

如此這般地在電車公司捱了一年又一年，就捱出現在這病況，也捱到死了！

今後的日子怎過？

怎算好呢？現在兒子大的一個才十四歲，擔不起工作，亞婆年紀老邁，向公司提取的「年給」還了債，交了租，辦完喪事，就半分不剩了！今後的日子怎算好呢？金球嫂說，每每想及眼前情況，心便鬱悶，泣不成聲，甚至曾經因而暈倒。她曾經拖着兩個兒子、揹着小弟弟，到電車公司請求一份工做。公司裏是有家屬做掃車等雜務工作的。但是公司都將一些雜務（如門窗）工作，要售票工友兼顧，不另聘人手了。

幸好勞校免費為黃金球兩個孩子提供學額，才令孩子不致失學。可是，小孩子一想起爸爸，還是會「亞爸！亞爸！」的大哭，哭到全班同學都流出淚來。有一次，孩子說不讀書了，要照顧小弟弟，讓媽媽去上班。小同學們說：帶小弟弟回來，我們一起照顧不就行了嗎！

好容易想到自己

現在，金球嫂找到一間五金廠做雜工，每天差不多工作十小時，才得工資一元。故此，工友和家屬不時都談起黃金球的境遇，講起他的家人和孩子們的情況，時常想及自己——命運相同啊！有工友無限悲憤地說：我們工人做到病，做到死，難為莊士頓還說「人力過剩」。黃金球死而有知，一定死不眼閉！

▲ 工友們談起這件事，都說公司不照顧患病工友，非常悲憤：「唉！黃金球咁死法，真係唔抵咯，將來我地好似老黃咁，就慘咯！」
（圖片來源：香港電車職工會：《電車工人畫冊》，1954 年）

資料來源：原刊於《電車工人快訊》，後被收入小冊子《莊士頓無理除人真相》內，1954年10月8日，頁62-64。上文經過潤飾及打磨。

重點

黃金球工友的個案，見證電車司機工作的勞苦程度。

黃金球由健康健碩，捱壞至得胃病、肺病，甚至吐血。主要是工作時間過長，不只是開工期間食無定時——是壓根兒沒有足夠時間吃飯。總之，電車司機被極盡剝削。

此外，當時有工作不等於有安定生活，因為薪金微薄。黃金球「食無定時，瞓無竇口（睡無定處）」，在職貧困，一家生活艱苦。

「黃金球之死」是當時工友生活一個淒涼、有典型意義的寫照。

第二節

莊士頓除人事件

1950 年代電車工會有兩段史詩式的工人權益保障運動。其一，是上一節介紹了的「羅素街血案」；其二，是由 1951 年莊士頓上台後開始的「莊式除人」。上一節談了「羅素街血案」，本節談曠日持久、前後維持了幾年的莊士頓批量除人，又簡稱「莊式除人」。

1950 年的羅素街血案是因工人爭取加津貼而起。事件結果是在三方談判下，由工人要求的每月增加三元津貼，妥協為加一元津貼，四電一煤五大公用行業使用同一標準。總體而言，工人付出了犧牲，重則被打至重傷流血，輕則受皮肉之苦，但算是引起社會關注，爭取到一元的新增津貼。最公允的評論，是工人沒有失敗，資方也沒有成功剝削工人。然而，原來更大的一場角力緊跟在後頭。

重點

1951 年電車公司總經理一職由當時的副總經理莊士頓接手（前任是西門士）。

莊士頓除人，簡稱莊式除人，由 1951 年開始，至 1955 年左右沒再繼續。

當前的互聯網世界基本上沒有這件事的解説，這是一件未加詳細整理的殖民地抗爭史、工運史上的事件。

簡言之，羅素街血案後，新任總經理莊士頓豪言三年內便可以鬥垮電車職工會。其間用各式小事挑剔，從而不斷以莫須有的名目辭退工人。當中又經常以一次過十多至幾十人地開除工人而「聞名」，因而被貫以專屬的名詞——莊士頓除人，或莊式除人。

在長達數年的角力中，資方花重本扶植親國民黨政權的「自由工會」，以此跟親新中國的電車職工會對着幹，也在工人內部製造矛盾。但總體而言，絕大部分電車工人，都加入真正為工人爭取福利及權益的電車職工會。

1. 莊士頓除人的起因——強行新例

1951 年莊士頓上台，電車公司便推出「新例」共 31 條。當中最主要的一條是，在新例下，日後公司除人，只需補回七天工資，名曰「保障週」；「七天保障」之外，除人無需交代理由。當時工會發動全廠工友實行反新例抗爭，與莊士頓的角力隨即開展。

電車公司要行新例，必須令新例的內容表面上已通知所有員工，並得到雙方確認。為此，在發薪水當日，公司把新例小冊子放當眼處，要工人每人都取一份；此

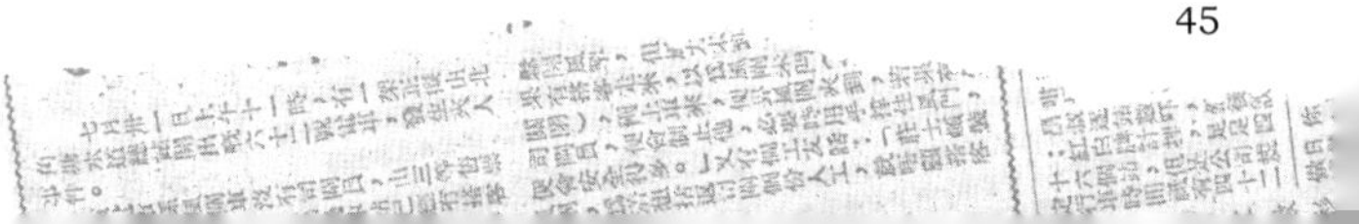

電車福利大廈開幕

總經理莊士頓對新約有解釋

聲明不再與舊工會接觸 但歡迎僱員組織新工會

嚴格管制旅客入境 港澳客輪大受打擊

每日乘客由八千人減至九百

▲ 莊士頓單方面訂立新合約（即所謂「新例」），並公開不承認原有的電車工會，以示取消工會的談判權。

（圖片來源：翻攝《香港工商日報》，1951 年 12 月 13 日）

外，也要工人填表，以示對新例同意或不同意。工人兩者都不配合。公司轉用硬招。立即開除工會理事黎博倫及另一幹事，而且是以保障週補償七天工資的方式除人，用意是強行新例，殺雞警猴。這一招於當時確實起到一定的恐嚇作用，有部分工人因而不敢接觸工會，怕被公司以新例方式開除失業。

在工人拒不接受新例的情況下，1951 至 1952 年間，電車公司大搞自由工會，又借各種藉口遞解工人出境。電車公司於當時大灑金錢，在鵝頸橋建了一棟職工福利樓房，交自由工會研藝社使用，內設茶水部、酒吧、公司醫務所、麻雀耍樂等等，吸引工友逗留，以抗衡愛國工會的服務部。然而，由公司扶持的自由工會不做實事，只屬一時風光，工友覺醒其用意之後都不上當，並指出公司福利部是謀人寺。結果，公司福利部在自由工會的主理下，業績愈搞愈縮。電車公司知道了也只能啞忍，最後讓它慢慢陰乾。再之後，藉政府要該大廈位置做暗渠，才趁機拆了該樓房。

2. 1954 年角力白熱化

大搞自由工會以及遞解工人出境也未能令工人屈服，莊士頓便直接用硬招、出重手，實行一批又一批地、大批量開除工人。於 1954 年 7 月 1 日清晨 5 時半，電車公司莊士頓作出第十三批開除工人的行動，人數更多達 31 名。被除工友中，有為市民交通服務達 29 年、25 年、15 年的資深工友；這裏面也包括工會的正、副主席和理事。當天，被除工友往見莊士頓，莊士頓無法解釋除人理由，卻叫來了大隊警察驅逐被除工人，始終拒絕與工人談判。結果，迎來了工會的大反擊。

在 1954 年間，工人曾策劃三次工業行動。當中最後一次沒有真正實行。

解僱卅五人

大隊警察到場警戒，結果無意外發生。電車職工會即時召集會議討論對策，但奉警方曉諭，結果未有舉行。電車公司總經理莊士頓今晨有所表示。

▲ 莊士頓解僱員工竟然會有大隊警察在場警戒。莊士頓及電車公司跟港英政府或警隊高層的密切關係顯而易見。
（圖片來源：翻攝《華僑日報》，1952 年 9 月 2 日）

第一次：1954 年 8 月 31 日的停工抗議行動。只停數小時。

第二次：10 月 10 日，第二次停工抗議行動。第二次停工，單是糾察已超過 1,300 人以上，後來向工會送決心書的有千人以上。

第三次：11 月 27 日要求公司 72 小時內回覆工會的要求。在公司沒有回應之下，原定 11 月 30 日作第三次工業行動。結果，在各方奔走調停下，延後至 12 月 4 日再議。但意想不到的是，忍讓換來的是工友黎博倫被毆事件。從中反映，當時的勞工，處於不對等之極的弱勢，是被欺壓的一群人。如果沒有工會組織，工人更加無助。

在第一次工業行動前後的 1954 年 8 月份，勞工處對工人不施援手，於是工人要求政府介入，也沒有得到回應。其間，更發生工人文滿全事件——簡言之，事件中工友文滿全遭自稱有自由工會作後台的司機工人陸有惡意毆打，但最終結果，文滿全竟因此獲罪，被判坐牢約半個月；而打人者卻逍遙法外。

重點

殖民政府以洋人掌管高層

第十三批除人事件發生後，工會爭取與資方進行溝通協商。過程中，工會曾向勞工處求助，處方卻一直拒見工人代表。當時不接見工會代表的勞工處處長是穆徽典，為洋人。副處長蘇雲，也是洋人。他們不會以華人基層工人的福祉為念。

莊士頓無理除人真相

一、賺了大錢，還要大批除人，有意製造失業

莊士頓的除人措施是最不合情理，超出常軌的。首先是：賺了大錢還要大批除人，增加了社會上本來不應該有的失業人數。究竟電車公司在這幾年賺了多少錢，有數好計，電車公司每年的純利，據香港經濟導報一九五三年四月第十二期的報導及電車公司一九五三年年報，其數額如下：

一九四六年——二百二十七萬三千三百五十九元；
一九四七年——二百四十九萬五千八百零七元；
一九四八年——三百七十萬零一百五十八元；
一九四九年——四百零七萬一千五百三十四元；
一九五零年——四百二十四萬零八百九十五元；
一九五一年——四百七十一萬三千八百二十元；
一九五二年——四百六十七萬零六十四元；
一九五三年——五百零一萬六千九百一十五元。

從上面的統計，可以看出電車公司的純利是一年比一年增加，以一九四六年和一九五三年比較，一九五三年電車公司純利比一九四六年增加一倍有多。增加數達二百七十四萬三千五百二十元。從一九四六年至一九五三年八月間電車公司的純利達三千一百一十八萬二千五百五十二元，這個數目確大得驚人。然而還不止此，若果加上歷年來沒有計算在內的購置與建設費用，如增加新車一〇二架，及擴設堅拿道東新廠、寫字樓增設冷氣等支出，最低估計約一千四百二十萬元，電車公司八年來實際賺了在四千五百萬元以上。電車公司賺了這樣多的錢，是全體電車工友付出辛勤勞動的結果。

但是，莊士頓怎樣對待辛勞的電車工人呢？是大量、集體的無理開除，根據記錄，從一九五二年九月起至一九五四年七月底止，總共開除了十三批。就今年三月十五日，第十二批開除電車工友三十二人。七月一日第十三批即最近被除一批開除三十一人。前後被無理開除的工友共達一百八十四人。莊士頓在賺大錢當中無理大批除人，製造一百八十四人不應有的失業。如果以每一個被除工友平均每人有妻、一

七

▲ 電車工會在《電車勞資糾紛特刊》內清晰地列出，莊士頓是在電車公司賺錢的情況下除人，側面反映莊士頓的目的是對付團結起來的電車工人。
（圖片來源：《電車勞資糾紛特刊 ‧ 莊士頓無理除人真相》小冊子（非賣品），1954 年 10 月 8 日）

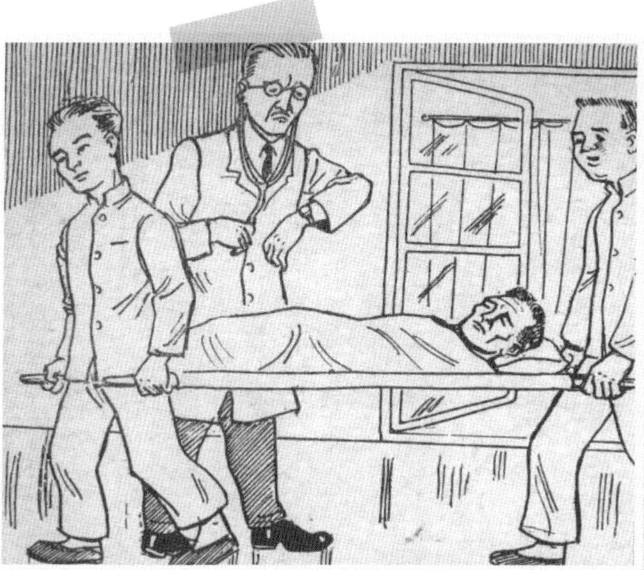

▲ 莊士頓大批解僱工人，令原有的人手非常緊絀。有不少工人因此有病也不能請假，積勞成疾的例子屢見不鮮。
（圖片來源：香港電車職工會：《電車工人畫冊》，1954 年）

莊式除人是賺大錢而除人，在人力不足的情況下除人。公司因大量除人造成人手短缺，以致部分休假及有病工友被迫開工。因長期勞動強度大，甚至帶病上班，令工友因病及勞累致死的個案時有發生。舉例，工友林就因震動過度以致割去腎臟，生命危殆。資方又脅迫工人帶病返工，工人崔聰、彭耀、黃金球因而致死。8月15日1153號工友因病在車上昏倒；8月28日晚上560號工友在車上過勞吐血，這些均說明資方不顧工人健康及安全，只顧瘋狂剝削。

此外，車輛也因檢查不善，路軌逾時不修，致使1954年5月及9月都發生重大事故。此外，又因車少人多，電車擠迫情況極其嚴重，不時發生車門夾傷乘客事件。

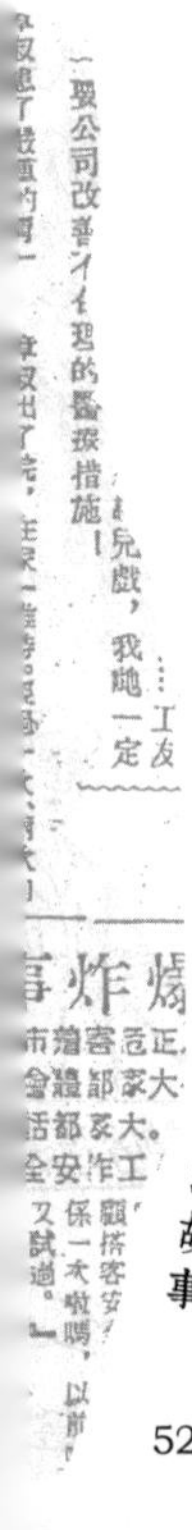

3. 轉入1955年上半年
——莊士頓除人方式已被打退

1955年1月，距第十三批除人事件已過去半年。過農曆年前，工會陳耀材主席號召要堅持長期鬥爭。而經歷了六個月的磨練，工會更加團結，力量更加鞏固。莊士頓由非洲調來香港，本來就是有備而來。而意想不到的是，在強弱懸殊之下，資方至1955年也未打垮電車工會。

回頭說 1954 年底第三次行動之前，發生了由莊士頓主使的總稽查梁志超製造的「鵝頸橋事件」，又稱「黎博倫被打事件」。事件起因是工友黎博倫一如以往帶工會會刊《電車工人快訊》去站頭派送，總稽查梁志超卻在干涉派報之餘，無故電召警方人員。警方到場後不問情由地拘捕工友，黎博倫更被個別警員毆打至血流滿面，拋上囚車。

此事在 1955 年 1 月份處於審訊狀況。由 1954 年 12 月 1 日發生至 1955 年 1 月，歷經 40 多天了，在中央裁判署已舉行了 14 次審訊。在這案件中，控方準備了 13 個證人。但事實上派快訊給工友這做法，乃至黎博倫當天的派送行為，數年如一日，從來沒發生過任何事情。

事件發生後，工會立即保釋被控告的七位工友外出候審，並聘請林文傑律師轉聘陳丕士大律師及些洛大律師進行辯護。

但總體而言，由 1955 年第一季的情況反映，莊士頓支持的「自由工會」，非但未能分裂電車職工會工友之間的團結，也未能增加自身的會員數目。整個 1955 年 1 至 3 月間，莊士頓已不敢再大批量式開除工人，只以小動作折騰工友，增加大家的精神壓力，從而令部分工人因受不了無理挑剔及激將法，主動辭職。

4. 轉入 1955 年下半年——以收回制服製造擾攘

莊式除人，也在第十三批 31 人之後，沒有第十四批。第十三批除人糾紛，拖延達 11 個月、至 1955 年 6 月，仍未令工會屈服及瓦解。某意義上，是工人及工會勝利。

此時，莊士頓已沒有招數，只可以用更為無效、更礙輿論觀瞻的方式去修理工人。舉例，以收回制服為由興訟。莊士頓單方面強行辭退一些工人，工人拒絕無理解僱，因而跟公司上訴。而莊士頓就以被除員工不交出制服為由，對員工興訟。另一方面，「莊式除人」至此已於悄無聲色中退下舞台。

真實故事

故事一：電車工人是怎麼個捱法？

工人生活　售票員的生活

「沒『飛』的買『飛』」，「沒『飛』的買『飛』」（按：「飛」即「票」），大熱天時，電車售票員整天一邊叫喊着、一邊在擠得像沙丁魚般的電車三等車廂裏擠出擠入。弄得滿頭大汗只不過是電車工人工作中其中一點點的辛苦。

電車工人生活上、工作上的痛苦還多着呢。做電車這一行，真的是「起早瞓晚挨飢餓，返工放工叫早晨」！電車工友整天在搖搖晃晃的車廂裏站着工作，一站便八九個小時。早晚送一批批工人上下班，學生上學放學，但是，電車工人自己上下班沒有車搭，只好走路。工友有大部分都住不起樓，只有在灣頭灣尾搭木屋來棲身。上班要跑上個多鐘頭的路，遇上下雨颱風天氣，苦不堪言。有幾個工友住在柴灣尾，但是早班開工要五點多就到廠開車，那時哪裏有車接送他們開工呢？於是，每天只好凌晨三時便要起來步行上班。做夜班收工時已是凌晨一點，也只好行路返柴灣；回到柴灣已是凌晨二時多了。有時碰到返早更的工友，大家都説一聲「早晨！」電車工友的生活是很痛苦的！

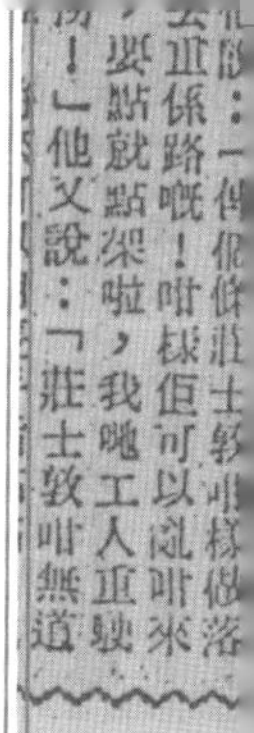

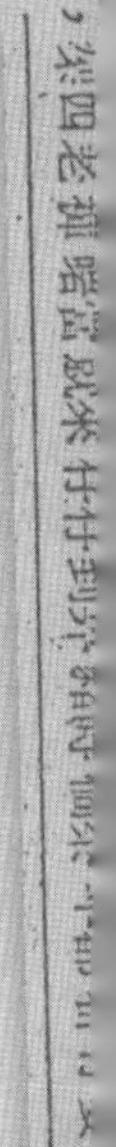

▲ 上 電車工人上班比別人早，下班也已是凌晨時分，那時不會有廠車接載上下班的安排——不會如此人性化地善待工人。沒有交通工具，工人只可徒步上下班，不少人要花個多小時才回到家中。

▲ 下 電車工人病倒不敢看醫生，因為沒有病假保障。請假看醫生隨時遭扣人工，手停便口停。

（圖片來源：香港電車職工會：《電車工人畫冊》，1954 年）

大部分工友每月只得二百元左右收入，要負擔六七個人的生活費，柴米油鹽、房租、衣服、兒女教育費等等。微薄的收入根本應付不了龐大的開支，所以很多工友都面有菜色；有時還會遭受無理的停工處罰，停工就是扣薪沒收入，那麼那個星期的生活就更苦了。

工友進入公司工作之初，人人都好健壯，可是做上三幾年就只剩下一副骨頭。加上工作辛苦，而且在車上工作，到站時間太短，食飯要啃着吞下去的，不少工友都染上肺病或胃病。那打素醫院及律敦治醫院經常都有十多廿位電車工友在留醫。戰後電車公司的業務是大大發展了，從三十多部舊車發展到 1956 年一百四十多部新車。公司每年利潤有數百萬，年年破紀錄。可是，電車工人生活只有一天比一天痛苦，有工作仍然債台高築，有時還要遭受職業生活的威脅！

資料來源：《電車工人通訊》（非賣品），1956年5月29日，第二版。

▲　飯沒時間吃捱出胃病；而尿急沒時間去，就捱出腎病。
（圖片來源：香港電車職工會：《電車工人畫冊》，1954 年）

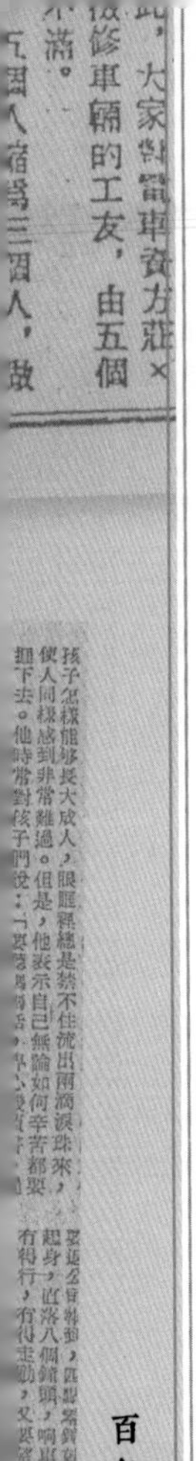

重點

有沒有想過，負責交通工具的司機怎樣上班及下班呢？這簡簡單單的一問，於現實生活中卻是個大問題。

今時今日，會有廠車接送負責開行交通工具的司機去上班及下班。可是，當年勞資關係不對等，資方對勞工的保障極度不足。在車未開行的大清早，以及尾班車也收了的深夜，當年的電車司機就靠徒步這方法來上班及下班！

他們一天工作九至十小時，全是站着工作。上下班還要步行個多小時，而平日又營養不足，再強壯的人也會捱壞捱病，一點也不奇怪。說資本家剝削，於當時，是大實話。公司的盈利，是用工人的健康換回來的。可是，別說分享盈利了，他們連最基本的工作條件、相對合理的待遇，都要用非常手段於討價還價中力爭回那麼的一丁點。

要在這種背景認知之下，才會讀明白羅素街血案，以及莊式除人中有血有肉的抗爭味道。工人，一點都不是苛求。

故事二之一：文滿全被打還被收監

陸有打人，公司出錢保
工友被打，反而坐監牢

1954 年 8 月 11 日，下午一點多鐘，工友文滿全如常到鵝頸大三元門口的電車站送茶給工友。可是，他在車站忽然被一個正在車上工作中的 1159 號司機陸有踢了一腳，登時被踢傷了左手。陸有踢傷了人，竟然還吹警笛召警。警員即來查究，當時在一名幫辦查問之後，說：「你打了人還吹銀雞」？結果，兩人被帶返警署落案。落案後，文滿全工友被送到瑪麗醫院驗傷，之後便回家。第二日兩人再被警署叫去審問，結果陸有被控打人有罪，要繳保款廿五元，後來由一名電車公司高級職員出面替陸有交錢擔保，令他出外候審。

8 月 18 日下午，案件於中央裁判署提堂開審。工人文滿全是原告，陸有是被告。特別之處是陸有由電車公司出錢請了摩亞律師代表其辯護，當時還有幾個電車公司的高級職員及稽查到庭旁聽。

開庭後，梁永濂法官審問被告陸有是否打了文滿全，陸有當即承認是打了他。照理，這件案已可結束，法官

陸有打人，公司出錢保
工友被打，反而坐監牢

工友對此事非常不滿，大家話：一定加緊團結，粉碎他的陰謀。

文滿全工友在八月十一日下午點幾鐘，到鵝頸大三元門口的電車站送茶給工友，他在車站上忽然被一個正在車上工作中的一一五九號司機陸有踢了一腳，當堂踢傷了左手。陸有踢傷了人，還吹警笛召警。警員即來查究，當時一個差人幫辦查問之後話：「你打咗人重吹銀雞」？結果，兩人被帶返警署落案，落案之後，文滿全工友被送到瑪麗醫院驗傷後回家，第二日兩人再被警署叫去審問，結果陸有被控打人有罪，要繳保款廿五元，後來，由一個電車公司的高級職員出面替陸有交錢担保他出外候審。

八月十八日下午，這個案件在中央裁判署提堂開審，文滿全工友是原告，陸有是被告，他卻由電車公司出錢請了嚟亞律師代表辯護，當時還有幾個電車公司的高級職員及稽查到庭旁聽。開庭後，梁永濂法官審問被告陸有是否打文滿全，陸有當即承認是打了他。照理，這件案可結束，法官可把被告陸有判罪。但卻整出一個辯護律師來盤問文滿全工友，最無稽的是他盤問的不是關於陸有打人的事，而是問些你是不是被除的工人等事，文滿全工友即駁他說；「我現在祗談被打的事情」。在法官對文滿全工友講了幾何關於律師問你的話一定要答，否則可話你藐視法庭的話之後，那個嚟亞又向文滿全工友問些關於你是否見到除人通告的話，文滿全工友又駁他說：「現在我祗告陸有打我，這些問話與打人無關」嚟亞律師繼續問了許多完全與陸有打人無關及從前文滿全工友在電車公司工作等事情，文滿全工友完全不答他，祗是對他說：「我現在是告伴人打」，「你何以不問我何時被打，而專問其他的事」？法官又問文滿全工友：「你是否對一切問題都不願作答」？文滿全話：「我願答！祗要所問的是與打人案有關的，我就答」。法官又說：「你的神經可能有毛病，我現在給你選擇兩件事，一是送去醫院檢驗，驗後再審，一是給你時間答辯何以藐視法庭，答得理由充足就不用罰」。文滿全工友嚴正的答覆他：「我冇神經病，我冇藐視法庭」。

▲ 涉打傷文滿全的電車司機陸有，由電車公司出錢擔保外出候審。
（圖片來源：《電車工人快訊》，1954 年 8 月 22 日，第一版）

可把被告陸有判罪。可是，辯護律師卻花了不少時間來盤問文滿全。當中最無稽的是，辯護律師盤問的不是關於陸有打人的事實細節，是問文滿全是不是被除的工人等。文滿全即時反駁，說：「我現在只談被打的事情。」

法官對文滿全說，關於律師問你的話一定要答，否則可告你藐視法庭。之後，摩亞又向文滿全問了些關於「你是否見到除人通告」之類的問題，文滿全再次反駁，說：「現在我只告陸有打我，這些問話與打人無關。」

摩亞律師繼續問了許多完全與陸有打人無關的事，不斷問文滿全從前在電車公司工作的事情等等，文滿全工友完全不回答，只對摩亞說：「我現在興訟的原因是被人打」，「你何以不問我何時被打，而專門問我認為跟被打無關的其他事情呢」？

法官又問文滿全：「你是否對一切問題都不願作答？」文滿全說：「我願意回答！只要律師所問的是與打人案有關的，我都會回答。」法官又說：「你的神經可能有毛病，我現在給你選擇兩件事，一是送去醫院檢驗，驗後再審；一是給你時間答辯何以藐視法庭，答得理由充足就不用罰。」文滿全嚴正的答覆法官：「我沒有神經病，我沒有藐視法庭。」

資料來源：《電車工人快訊》，1954 年 8 月 22 日，第一版。上文經過潤飾及打磨。

故事二之二：打人的有公司保釋及聘請辯護律師

文滿全被無理毆打還要坐監
工友嚴重注意事件的發展

8 月 11 日，1159 號電車司機陸有無理毆打文滿全工友。當時陸有打人還自己吹銀雞召警。結果上了警署，陸有説可以叫「事頭莊士頓」來擔保（按：「事頭」即老闆）。到出庭的時候，陸有首先承認打人，未有再受到盤問，文滿全是原告，反而受到一連串的盤問。結果打人的打手陸有還未被判罪，被打的文滿全反而被指「藐視法庭」，判收監兩星期。

這件事，引起電車工友們的異常憤怒。工友指出，陸有敢於在車上打人，而其後又有恃無恐，顯然是有人在主謀的。而莊士頓派高級職員去擔保，出錢請律師，莊士頓何以如此緊張呢？背後原因可想而知。有工友説，道理贏不過人家，便出拳頭，正一爛仔作風。

有位老工人搖頭歎息：那些人被人收買，叫他去打自己工人都答應，何以如此短視哩！何以就是不懂得放眼望遠。俗語有謂，「只有千年伙記，沒有千年事頭」，真的愚不可及，做人何需至此呢？這個世界，講打講殺都有着數嗎？

電車工人高度關注事態發展，彼此應該從而更加緊密團結，堅持鬥爭。希望各界人士、各業工友大家支持，主持公道，使無辜被打的工友能夠吐一口悶氣。令做打手的，要得到應有的懲罰。不然的話，日後工人連最起碼的人身安全也受到威脅，後果很難想像。

資料來源：《電車工人快訊》，1954 年 8 月 22 日，近似社論的「我們的話」。上文經過潤飾及打磨。

我們的話

文滿全被無理毆打還要坐監
工友嚴重注意事件的發展

八月十一日，一一五九號電車司機陸有無理毆打文滿全工友。當時陸有打人還自己吹銀鷄召警。結果上了差館，陸有說可以叫「乖頭莊士頓」來担保。到出庭的時候，陸有首先承認打人，未有再受到盤問，文滿全是原告，反而受到一連串的盤問。結果打人的打手陸有還未被判罪，而被打的文工友反被指為「藐視法庭」，判坐監兩星期。

這件事，引起我們電車工友異常的憤怒。工友們指出，陸有敢於在車上打人，而其後又有恃無恐，這顯然是有人在主謀的。而莊士頓派高級職員去担保，用錢請律師，莊士頓何以咁着緊？其原因可想而知。有個工友講，道理講唔贏，而家出到拳頭，正一係爛仔作風。佢係我們堅持合理要求已有五十天，越鬥越堅強，你估打得怕嘅咩？出到呢一招，可見其已經冇晒麻包，而至於亂作胡為。

有個老工人搖搖頭講：個的友伴大收買，叫佢去打自己嘅工友佢都應承，但總唔會想得這一的。俗語有講，「只有千年伙記，有千年事頭」，咁做眞係太笨，無謂呀。世界嘅嘢，講打都有着數嘅咩？

我們電車工人嚴重注意這件事的發展，大家應更緊密團結，堅持鬥爭，希望各界人士、各業工友大家支持，主持公道，使無辜被打的工友能够伸一啖氣，做打手的，要得到應有的懲罰。不然這樣下去，連起碼的人身安全也受到威脅，後果是很難想像的。

▲ 文滿全的遭遇得到工人高度關注，事件經過更被刊於《電車工人快訊》近似社論的「我們的話」上。
（圖片來源：翻攝《電車工人快訊》，1954 年）

故事二之三：文滿全出獄

學習文滿全的堅決鬥爭精神！

時間是 1954 年 8 月 31 日早上，我們電車工友停工二小時抗議莊士頓無理除人的鬥爭剛剛勝利結束，大家正在興高采烈地談論着鬥爭的經過，並為電車工人的團結一致，取得停工抗議行動的勝利，及贏得廣大市民的同情與支持而感到興奮的時候：

「阿全仔回來了！」

「文滿全回來了！」

這個同樣令人興奮的消息，使工友們個個都跳起身來，撲上去歡迎他。大家爭着和文滿全握手，有的就緊緊的握着不放，有的還伸手愛惜地摸一下文滿全。大家都親切地望實文滿全，文滿全也感激地望着工友；工友們笑，文滿全也笑。我們感覺到文滿全雖然是消瘦了一些，但整個狀態更加堅強，精神更好了。大家把他高高地舉起，合力把他簇擁至主席台。

學習文滿全的堅決鬥爭精神

——發

興奮的消息

時間是八月卅一日早上，我們電車工友停工二小時抗議莊士頓無理除人的鬥爭剛剛勝利結束，大家正在興高采烈地談論着鬥爭的經過，並爲電車工人的團結一致，取得停工抗議行動的勝利，及贏得廣大市民的同情與支持而感到興奮的時候。

「阿全仔返來喇！」

「文滿全返來喇！」

這個同樣令人興奮的消息，使得工友們個個跳起身來，撲上前去。大家爭着和文滿全握手，有的緊緊揸住不放，有的還伸手摸下文滿全。大家都親切地望實文滿全，文滿全也感激地望實工友；工友們笑，文滿全也笑。我們發覺到文滿全雖然是消瘦了一些，但是他表現得更堅强，精神更好了。大家高高舉起文滿全，夾手夾腳把他擁上了主席台。

激動的場面

「飲茶啦，全仔！」

我們敬佩的長輩，陳煊材老工友把茶遞到文滿全跟前，表現了他一貫對我們工友的熱愛與關懷。

這樣一個使人激動的場面，工友們眼圈紅了，文滿全的眼睛也紅了。每個人的心裏都想着有很多話要說，但是久久都說不出來。

經過一段沉默之後，我們不約而同地高呼：

「學習文滿全的堅決鬥爭精神！」整齊而有力的呼聲，正說明了我們大家所想的和要說的都是完全一致。

學習文滿全的堅決鬥爭精神

事實說明文滿全的堅決鬥爭精神的確是值得我們學習的。

當文滿全被無理毆打的時候，他也感到肉痛，他也想還手，但是他馬上就想到工友們曾經指出過：莊士頓可能要製造事件，企圖分裂電車工人的團結。「我為一定唔上當！我忍住肉痛，冇還手！」

但是，「佢打得我，就打得我哋工友」，打人的應當受到懲處，事情的解決必須依靠工友的團結力量，因此，

當文滿全感覺到事情還沒有得到解決而要離開差館的時候，他聲明：

「我一定將事情講俾工會主席聽，講俾全體工友聽！」

在法庭上的大聲叱喝、大力拍枱嚇不倒文滿全，他堅決地拒絕回答自己被無理毆打以外的問題。

文滿全被無理毆打，還無辜被判坐監，他很憤慨，但是他一樣挺直胸膛，面不改容，全無畏懼。他想着：

「就算我個人犧牲都好啦，我都係爲佢大家職業、飯碗有保障」

時刻記住工友

在獄中，文滿全三晚沒有睡覺，唔食得飯。他想起很多很多的事情，他想起自己「九歲，就冇咗父母，冇讀過書，鷄毑咁大個字都唔識得十零個」，自己曾經遭受過不少困難，他就想到「好似黃金球咁樣，佢長期帶病工作，冇受到應有的照顧及醫理」，「如果不堅決起來鬥爭，今後豈不是更多工友像黃金球一樣捱到病捱到死爲止。」

文滿全身在牢籠心在電車職工會裏，「家屬登記做好未呢？採取行動未呢？」他想着，電車工人一定更加團結，更加堅決鬥爭。」

更加努力爲工友服務

文滿全感謝工友們對他的關懷，表示要更加努力爲工友服務，他希望工友們更加團結一致，提高警惕，堅持鬥爭到底，爭取糾紛的合理解決。

▲ 文滿全出獄的場面被記載於《電車工人快訊》，當中更呼籲工友學習其服務工友、記掛工友的精神。被收監而不屈的文滿全，成為當年電車工人的模楷。

（圖片來源：翻攝《電車工人快訊》，1954 年）

激動的場面

「喝杯茶吧，全仔！」

我們敬佩的長輩，陳耀材老工友把茶遞到文滿全跟前，表現了他一貫對我們工友的熱愛與關懷。

這樣一個使人激動的場面，工友們眼圈紅了，文滿全的眼睛也紅了。每個人的心裏都想着有很多話要說，卻久久都說不出來。

經過一段沉默之後，我們不約而同地高呼：

「學習文滿全的堅決鬥爭精神！」整齊而有力的呼喊聲，正說明我們大家所想的和要說的都完全一致。

學習文滿全的堅決鬥爭精神

事實說明文滿全的堅決鬥爭精神的確值得我們學習。

當文滿全被無理毆打的時候，他也感到痛，想還手，但是他馬上就想到工友們曾經指出：莊士頓可能要製造事端，企圖分裂電車工人的團結。「我們一定別上當！我忍住痛，沒還手！」

但是，「他打得我，就打得我們其他工友」，打人的應當受到懲處。事情的解決必須依靠工友的團結力量，因此，當文滿全感覺到事情還沒有得到解決而要離開警署時，他聲明：我一定將事情讓工會主席知道，說給全體工友聽！

法庭上的大聲叱喝、大力拍枱，也嚇不倒文滿全。他堅決地拒絕回答自己被無理毆打以外的問題。

文滿全被無理毆打，還無辜被判監禁，他很憤慨，但是他一樣挺直胸膛，面不改容，全無畏懼。他想着：「就算犧牲我個人，也是令大家的職業和飯碗有保障。」

時刻記住工友

在獄中，文滿全三晚沒有睡覺，食不下嚥。他想起很多很多的事情，他想起自己「九歲就沒有了父母，沒讀過書，雞乸大個的字也只識得十來個」，自己曾經遭遇不少困難。他想及「好像黃金球那樣，長期帶病工作，沒受到應有的照顧及醫理。如果不堅決起來鬥爭下去，今後豈不是會有更多工友像黃金球一樣，捱到病、捱到死為止」。

文滿全身在牢籠心在電車職工會，「家屬登記做好了沒？採取行動了沒有？」他惦念着一眾電車工友，大家一定要更加團結，更加堅決地鬥爭下去。

更加努力為工友服務

文滿全感謝工友們對他的關懷，表示要更加努力為工友服務，他希望工友們要更加團結一致，提高警惕，

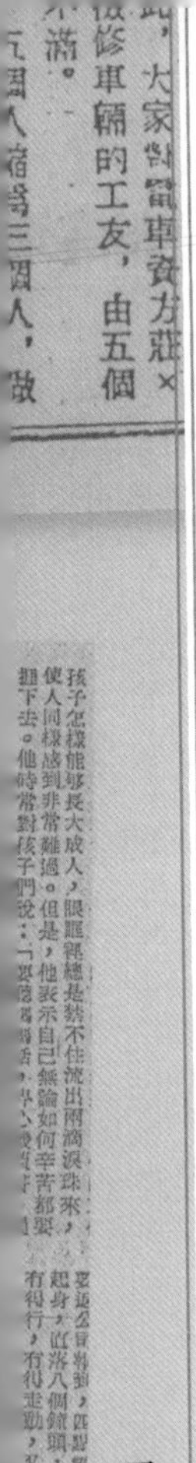

堅持鬥爭到底，爭取糾紛的合理解決。

資料來源：《電車工人快訊》，1954 年 9 月 5 日。上文經過潤飾及打磨。

重點

四點觀察

1. 文滿全事件之值得一談之處，在於被打的一個反而被收監！
   當年的警方及司法系統是管治者的工具。文滿全事件反映——司法系統打從港英時代就不是「完全客觀中立」，司法系統一直是管治者的工具。

2. 1954 年 8 月，是莊士頓除人角力至 40 多 50 天的日子。電車工會、港九工會聯合會合力發聲，但電車資方拒不回應。工人只好促勞工處協助，卻又得不到支援。於是，事件上升至布政司及香港政府層面。
   8 月底就是電車工人行動升級的階段。文滿全被打，正正發生在 8 月 11 日。當中事態發展上的張弛，是否有人認為阻止不了工人不斷上訴，也壓服不了工人，於是轉而打爛仔架呢？即是文鬥不成便武鬥。是耶非耶，不得而知。
   只是，一如文中所言，「道理贏不過人家，便出拳頭，正一爛仔作風」。當時的抗爭，是在打爛仔架的風險下進行的，一點也不輕鬆。

3. 文滿全的例子也刺激我們思考，法律，是工具？是否也需要監督、善用，以及堵塞漏弊才能發揮作用？也就是說，「法律」不是先天就是神聖的。也可思考，法律可以「完全」脫離政治而「獨立」存在嗎？
看來，法治是重要的，然而法治機制存在改善空間；其操作者法官，也不宜被神聖化。

4. 當時的工人，跟「不成比例地大」的力量角力。資方背後有政府、有司法系統撐腰。因此當年的抗爭，是動真格的，不是請客吃飯。

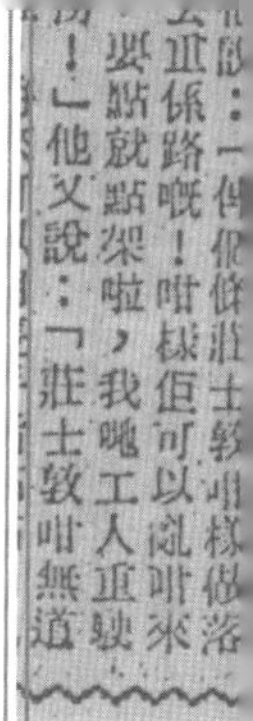

故事三：林就割腎

林就是捱到有腎病，小便出血了也不批他病假。

莊士頓大批除人後，電車公司人力不足。全公司不同部門的工友，工作量都翻倍，大家都忙得死去活來。以前街外工程部工友以十二人打一部風車，現在只用六個。人不是鐵打的，就算本來強壯高大的林就也捱到瘦，

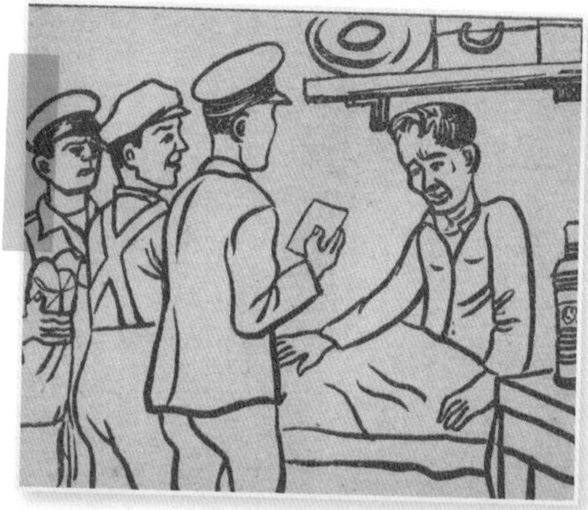

▲ 因莊士頓除人引致人手不足，電車工程部工人林就患腎病都不准請假，結果工作時疴血才送院救治，被割去腎臟。他因工捱病後，連放病假休養都未必支取到半薪。林就之捱病，也反映當時莊士頓批量除人是妄顧工人健康。

（圖片來源：香港電車職工會：《電車工人畫冊》，1954 年）

捱到有病。小病還可以死頂，誰知一驗是腎病。林就曾經因腎痛至流眼淚！

六月十二日，林就小便已屙出血，回公司看醫生，醫生仍然叫他繼續開工。過了幾天，林説小便屙血的情況愈來愈嚴重。有一天，開工期間又再屙血。立即入院，醫生說：「你個腎要割。」

工會慰問林就時，見到林就已病頹至另一個樣子，瘦了足足二十多磅。腎是割去了，卻仍隱隱作痛。不知何時才可以康復上班。手術後，公司給了他半薪；可是，過些日子就沒有半薪優待了。林就一家也不知道如何是好。

資料來源：作者綜合改寫而成。原材料來自《電車工人畫冊》，1954 年 12 月 4 日。

故事四：黎博倫被打事件

黎博倫被打的故事情節，跟文滿全有點相似，也是如常派工會刊物時被干擾；也是司法不公令親工會的工人要判刑。黎博倫事件又稱「鵝頸橋事件」，被工友認為是莊士頓幕後陰謀的一部分。

文滿全是在 1954 年 8 月被打，而黎博倫則是在同一年的 12 月被打。

12 月 1 日，工友和過去幾年習慣一樣，在鵝頸橋大三元酒家門前、軒尼詩道和堅拿道交界處，將《電車工人快訊》送給車上工作的工友。在莊士頓的指使下，公司總稽查梁志超竟無理越權干涉，並無故打「九九九」召警拘人。當時是晚上九時過後，警車被召到場後，警員抵達，他們全副武裝，如臨大敵，不辨是非，不問情由，只聽取梁志超一面之詞後，便毫無根據地開始拘捕工友。工友向警員交涉，要求放人。不料警車越來越多，幾百警察、英軍拘捕了工友及旁觀的市民。被拘捕的工友計有廖元、吳晃、蔡清、張耀祖及工會服務部僱員王滿華、林寥（即蕭興）、黎博倫及過路市民向光等八人。而黎博倫更為個別警員毆打，致血流滿面，暈倒路上。

該晚被捕工友家屬到東區警署詢問，又橫遭驅逐。而事後各名工人竟被提堂審問，加以控罪。請大家留意日期——這事件發生在電車工友準備發動第三次行動的關鍵時候，並不是偶然的！正如有工友認為：「狗上瓦坑有條路」（一切有跡可尋）。大家都意識到，這是資方在工友舉行第三次抗議行動前，有預謀地佈置製造的事件，試圖擴大糾紛，為工人的處境橫生枝節，也以警力及司法審訊打擊電車工人擬發動的第三次抗議行動。很明顯，電車鬥爭幾個月來，工人越鬥越團結；而兩次抗議行動都取得勝利，廣大的工人市民都同情和支持我們。莊士頓無理除人喪盡人心，在道義上陷於嚴重失敗。莊士頓縮在幕後，不惜在報章上偽造有人恐嚇他的信件，甚至説有人在電車路軌放上金屬物。總之是空穴來風，卻又煞有介事，製造種種抹黑疑雲。莊士頓在 11 月 27 日「召見」「自由工會」頭子有所「指示」，其中來龍去脈，明眼人當然一看就知。

電車控案昨天判決
警方所控各罪法官皆判成立

黎博倫在判決前陳述：
詢問因何拉伙記
突遭拳擊打穿頭
去問洋幫辦被人圍住打

畢打街南段昨起改單程線後交通情況

▲ 《大公報》1955 年 8 月 23 日的報道，以「黎博倫判決前陳述：詢問因何拉伙記，突遭拳擊打穿頭」的標題來報道黎博倫一案。

（圖片來源：翻攝《大公報》，1955 年 8 月 23 日）

莊士頓意欲何為？

正如保委會聲明指出：莊士頓這樣做，目的不外是：（一）威脅恐嚇工友；（二）製造事端，嫁禍工人；挑撥工人、市民和警方的關係；（三）轉移工人、市民視線，用「金蟬脱殼」之計縮在幕後，推卸責任，以達暗中破壞工人正義鬥爭的企圖。

事件發生後，工會即保釋七名被控工友出外候審，並聘請林文傑律師轉聘陳丕士大律師及些洛大律師進行辯護。對於此次事件，電車工人是極端憤怒的。工友都説：我們派快訊給工友，數年如一日，從來沒有發生過任何事情，莊士頓幕後指使梁志超無端干涉，不但是蓄謀製造事件，而且更侵害工會的合法權益。至於警方派出大隊警察、衝鋒車，重重包圍，如臨大敵，不問情由拘捕工友，甚至連正在交涉的工友也被不分皂白地逮捕，甚至有工友被毆受傷，顯然損害了工會合法權益和工人們的人身安全自由。事件令工友非常氣憤。

陳丕士大律師致辯詞

爲去年十二月一日發生的鵝頸橋事件

指摘梁志超藉故製造事件

認爲本案與勞資糾紛有關

指出控方人證物證欠充足

七工友均無須答辯各控罪

去年十二月一日，同電車糾紛有密切關係的電車公司總稽查梁×超無理干涉電車工人派快訊，打「九九九」召警拘捕七個電車工人，警方並以「未得華民署許可，派發印刷品」、「阻差辦公」、「拒捕」和「行爲不檢」等「罪名」分別加在七個工友身上的鵝頸橋案件，審至六月十三日止，控方「證供」完結後，陳丕士大律師代表七個工友致辯詞，對控方的「證供」逐點加以駁斥，認爲控方人證物證不足，主張七個工友對各項「控罪」都無須答辯，並建議法庭撤銷案件。

陳丕士對第一項「控罪」致辯說：法庭須先明瞭電車工人快訊與當日的勞資糾紛有關，在去年十一月廿七日至十二月四日的期限，是工人方面要求公司進行談判和接受調處，如期限告滿，翌日可能罷工。

律師說：電車工人快訊是電車職工會派與該會工人以傳達消息之物，派送地點是電車工人經常聚晤或經過的所在地，派發範圍，祇限電車工人，絕無向外界人士派發。

律師又說：就證據方面來說，主控方面缺乏證據來指出「被告」派發印刷品。因爲「被告」並無派發印刷品，只不過拿着一疊印刷品罷了。若控方認爲確實曾派發印刷品，則應該具備兩項證物，才算完善。證物之一是「被告」手持的印刷品；證物之二是已經派到人家手上的一張印刷品。現在警方對第一項證物是有了，但第二項證物却交不出來。

律師又說：控方物證既然不足，而人證也有問題。因爲電車公司總稽查梁志超是個好生事之徒，是個仇視電車職工會的人，同時也是個專門騎在他人頭上以提高自己地位的人。所以從一九四八年入電車公司，幾年間就升到總稽查的職務了。這樣的人所說的話可信嗎？他的證供是不可靠的。

律師指出說：我曾經盤問過他是否確曾見到有人阻止電車開行？梁志超說沒有。既沒有人阻止電車開行，而撥九九九電話主要原因就是他在站上與人口舌，而遭人叫他的綽號「大鼻」。律師說：在法律上來說，向人呼綽號，不算凌辱或恫嚇，並非犯法。既無人犯法，而梁志超撥九九九電話。便等於見人吸煙，煙從窗口冒出，便向消防局報火警。因此當晚警方到達現場時，梁志超勢必要向警方詭指人派印刷品，否則便犯了無故報警的罪名，反被控「妨害公安」之罪。因此之故，梁志超的報警，可能是立意制止他人派發快訊或藉故引起事件，造成制止快訊的派發。

律師最後作辯護詞中還指出說：關於「阻差辦公」、「拒捕」及「行爲不檢」等「罪」在此案中也不成立。因爲當晚方奕輝關警司口口聲聲，口叫『如事情與你們無關者，立即離開。』但在「被告」的工友心目中，自以爲與事情有關，因爲當時有一位工友被捕，他們於是才走近警車探悉這位工友被捕的原因。所以留於現場。如果方奕輝當時說『各人馬上離開，不離開就拘捕』，「被告」便不致誤會。既出於誤會而被拘，當然無須答辯。

▲ 鵝頸橋事件中，代表工人的大律師指案件跟勞資糾紛有關，直指是稽查梁志超製造事端。

（圖片來源：《電車工人快訊》，1954 年 8 月 22 日）

十一次審訊經過（十二月）

對於被捕的七名工人，警方以「未得華民署許可，派發印刷品」、「阻差辦公」、「拒捕」和「行為不檢」等「罪名」予以控告。整個 12 月，共進行了十一次審訊。大致情況如下。

日期	次序	情形
二日	（一）	警方以「未得華民署許可，派發印刷品」、「阻差辦公」、「拒捕」、「行為不檢」等罪名分別加在被無理拘捕的七個工友身上。七工友皆否認控罪。
三日	（二）	由華民署職員及梁志超分別作供。
七日	（三）	由我方律師與警方及法庭商定「審訊」日期為十一天。
九日	（四）	法庭因事將「審期」押後至十三日「續審」。
十三日	（五）	由梁志超及警車無線電生作供。
十六日	（六）	「審訊」因工展改期。
十七日	（七）	陳丕士大律師盤問無線電生（三三七〇警員）。
二十日	（八）	陳丕士大律師繼續盤問無線電生（三三七〇警員）。
二十一日	（九）	巡邏警車司機作供，些洛大律師盤問。他説警車到時，一切很平靜。
二十二日	（十）	第一輛巡邏車指揮人（二五二六警員）作供。

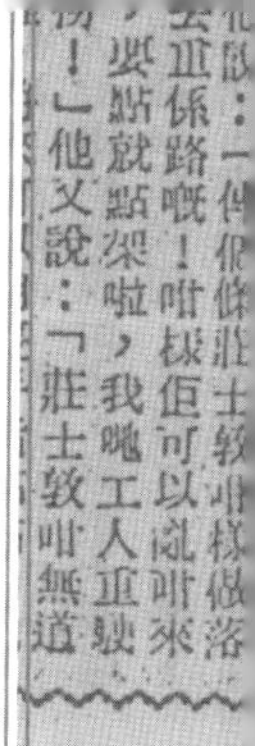

二十三日	（十一）	些洛大律師盤問第一輛巡邏車指揮人。他說誰在擾亂秩序，他也不明白。
二十八日	（十二）	些洛大律師繼續盤問第一輛巡邏車指揮人。他說不知誰鬧事，他逮捕人是根據稽查所指的。
二十九日	（十三）	些洛大律師繼續盤問第一輛巡邏車的指揮人。他口供一再前後矛盾，甚至連法官也緊張到拍案怒罵證人為「蠢才」。盤問畢，由另一警員（二七五七）作供。
三十日	（十四）	因原定審期已完，法官宣佈新年一月十三日另訂審訊日期。

發展至 1955 年 1 月共歷四十多天了。在中央裁判署已舉行了十四次審訊。案件中，控方準備了十三個證人。

至 1955 年 6 月 13 日，控方作證完結後，陳丕士大律師代表七個工友致辯護詞，對控方的所謂證供逐點駁斥，認為控方人證物證不足，主張七個工友對各項控罪都無須答辯，並建議法庭撤銷案件。

至 8 月 22 日，電車工人蔡清、廖元、吳晃、張耀祖，工會服務部僱員王滿華、蕭興、黎博倫等七人竟被判各項控罪罪名成立，被判處罰款及簽保。

一位機器部的工友對事件很感慨，他沉痛地說：工人、市民可以隨便拘捕、毆打、落案，人身安全自由毫無保障，還有甚麼民主？還有甚麼法紀？

資料來源：上文集合四篇相關報道而成，經本書作者改寫。四篇文章分別是（一）《討論工友被捕事件，舉行緊急同人大會》（來源：《電車工人快訊》1954 年 12 月 16 日，第一版）；（二）《鵝頸橋事件，是莊士頓幕後陰謀一部分　法庭審訊紀要》（來源：《電車工人快訊》，1955 年 1 月 12 日，第四版）；（三）《為去年十二月一日發生的鵝頸橋事件　陳丕士大律師致辯詞》（來源：《電車工人快訊》，1955 年 6 月 21 日）；（四）香港電車職工會就事件發出的聲明，1955 年 8 月 25 日。

故事五：章叔的胃病

一定要公司改善不合理的醫療措施

章叔患了嚴重的胃病，1955 年三月八日入了醫院。在醫院住了四十多天，仍未痊癒。四月廿六日，醫生突然通知他：「你們的大班（按：公司高層）昨日來過醫院，説你應該出院了，給你三天假期休息。」章叔説：「我身體還未好起來，怎樣出院呢？」經這一問，醫生也很難過。但是，他説：「有事就去看街症吧，因為你們的大班説過，你們在醫院已住得太久了。病只要好了五、六成就得出院。如果是貴重藥物，藥費也由工人自己負擔。」

章叔出院了，在家休息。三天的假期過去，病狀還是一樣，而且走幾步路腳骨也會酸軟。但是公司醫生對他說：「假期滿了，公司說你要開工了！」章叔聽到真

我們的話

大家團結，保住飯碗
歡迎受騙工友參加工會

一定要公司改善不合理的醫療措施

章叔說：我病咁樣，你話點開工呢？就算叫我揸埋張床上車睇，都唔得㗎……工友說：咁樣我哋條命唔係越來越兒戲，我哋一定要公司改善不合理的醫療措施！

一件電車電箱爆炸事件

▲ 章叔胃病入院，未痊癒就被迫要上班，結果開車途中暈倒再入院。

（圖片來源：〈一定要公司改善不合理的醫療措施〉，《電車工人快訊》，1955 年 6 月 21 日）

的很心酸。他據理陳詞，說：「我病成這樣子，你說我怎開工呢？就算叫我把床也帶到車上去也開不了車啊！」最後，公司才不得不繼續給他病假。

為了早日恢復健康，章叔曾經加聘醫生照料，還得到工友們的幫助；可惜，醫藥費無法維持。經過一而再的向公司提出要求，最後公司才同意轉介章叔入醫院留醫。

前幾天，章叔又再出院了，上午去見公司醫生時，醫生說：「你下午返工啦！」章叔一再強調自己的頭仍很暈，希望至少再多給一天假期。但是，由於公司不合理的醫療措施，醫生拒絕了章叔的要求，說：「沒法子了，公司說要開工啦！」結果，章叔逼着要開工，開了兩三轉車便暈倒，非常辛苦。

工友們對公司的醫療制度反應很大，很不滿意。工友們說：「按道理一切都應該依照病情來決定。現在公司對章叔的做法，是要他帶病開工，難保又再出現崔聰、黃金球事件。」工友們又說：「如果貴重藥公司真的要工人自己買，我們的生活已經很困難，捱病了還要自己買藥，怎行呢？」工友們都說：「現在這樣對待章叔，他日就如此對待我們，我們的小命不就越來越兒戲！一定要公司改善醫療措施才行！」

資料來源：《電車工人快訊》，1955 年 6 月 21 日。

重點

章叔的真實故事發生在 1950 年代，可以為不無空洞化、過度簡約的懷舊潮補上血肉。1950 乃至 1960 年代，香港是個仍未發展起來的社會。工人生活勞累，薪酬低，有工作也不表示一家可以溫飽。在這種情況下的打工仔，特別容易在工作上積勞成疾。而當年的醫療制度，不足以對他們因工致病的身體健康予以足夠的保護及保障。

故事六：在日軍侵佔香港時仍然開電車服務市民的昌叔

二十五年非易過　工友生活實艱難

廖友

亞昌叔從 1929 年起就進入電車公司工作，為市民交通服務。事到如今（此文刊出的 1954 年），已經整整有二十五年。

二十五年非易過，工友生活實艱難啊！

亞昌叔在電車公司裏，揸過紅旗仔，做過撬路，到

1941年以後，才做「賣飛」（售票）。他入職之初才十七歲，現在，已頭髮變白了。和其他的電車工友一樣，昌叔是衷心為市民交通服務的，太平洋戰事爆發後，日本人從擔竿山吊炮（發射）過來，由早至晚，炮火連天，電車線被打斷，電車廂被打穿。有一次，電車開行至干諾道東山酒店附近，中了炮彈，當時在車上工作的181號工友，半邊頭顱沒有了，樓上樓下亦有幾個搭客受傷，情形非常嚴重。眼看就要完全斷絕交通了，工友們在職工會的號召下，為了維持市民的交通便利，決心冒着槍林彈雨，堅持工作。這時候，昌叔住在石塘咀，每天四點多鐘就要開始步行回公司，到「黑齊」（天全黑）、沒發炮時才又步行回家。一整天在外，家人都擔心，時常說「返來個晚至知道你生」（能回家的那個晚上，才知道你仍然生存）。但是，工友們沒有害怕危險。

又要賣票，又要打鐘，做到「口擘擘」

和平後，香港市民逐年增加，對電車交通的需求也更加迫切，搭客是異常擠擁了。昌叔走筲箕灣至上環街市的電車路線，他說：「每日賣千多張票，還有『月票』呢，又要賣票，又要打鐘，一邊抬頭外望看管乘客上落車，一邊用手拉住鐘繩，在擠滿人的車箱內走出走入，完全不似走在街上的那種感覺。特別是天氣熱，真的做到「口擘擘」（透不過氣來），車上茶都沒一杯可止渴，

電車風閘夾傷搭客

工友認為公司要負責任

張偉

二十五年非易過

工友生活實艱難

廖友

大家都儲糧

—電燈工友支援電車小事故—

昌河

▲ 工友廖友在《電車工人快訊》投稿，將阿昌叔的事跡細寫下來，為一個自己生活艱苦、卻同時刻苦為大眾服務的電車工人故事存記錄。

（圖片來源：《電車工人快訊》，1954 年 8 月 5 日，第二版）

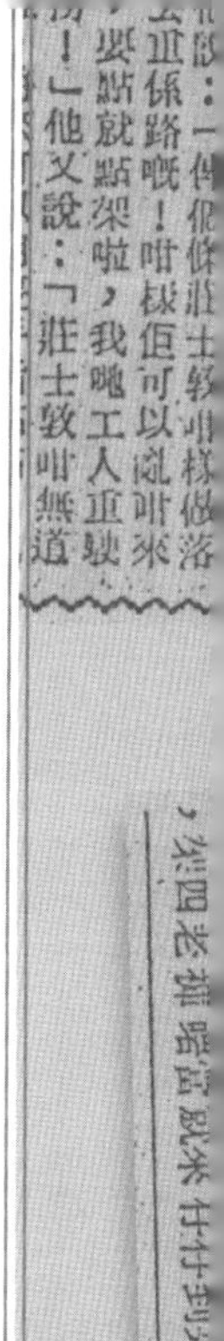

真的不容易捱。昌叔說：你坐過電車都知道，人多、車少，又趕時間，司機遲到三分鐘也不行。事實上路線那麼長，你數數有多少個站呀？昌叔逐一地點算着，然後說：紅白牌都算在內，足足有四十六個站。但是公司規定行車時間只有四十二分鐘，少數怕長計，如果站站停，或者停留多了點時間，真的是會飛也搞不定。

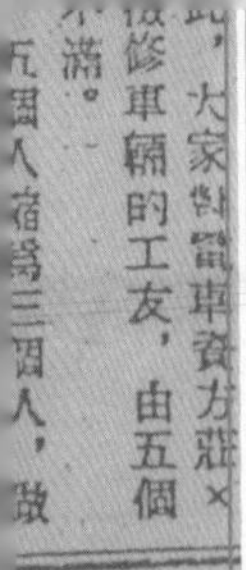

又譬如，有個大人揹了個三歲小朋友上車，有何理由要人買兩張票呢？至於人多、車內悶熱，或者揹得辛苦，把小孩放了下來，很平常吧，可是，公司硬性規定要這種搭客多買一張票。又如拿一條竹升或擔挑上車，公司「例簿」（操作指示小冊子）沒規定不可上車的，可是，公司卻照樣處罰工友，要你「飲杯」（處罰），於是工人又不見了一天多的人工。且看，電車工人有多為難。

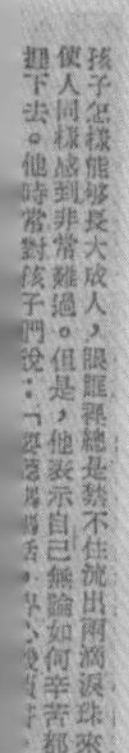

等出花紅做衫褲 有病有痛標會還

和其他工友一樣，昌叔也有家庭負擔，有老婆，有四個子女，一家六口，工資不夠五十三元（按每日工作八小時，昌叔每小時工資為九毛六仙，每週發薪水一次），兩老節衣縮食，單是房租、伙食，每週至少要六十三元，已經省吃儉用了，手巾牙刷，番梘牙膏，涼茶涼水，都係冇數打嘅（不知不覺中的必然消費）。除了過年、放大假，未曾上過茶樓，七個星期才輪得一個

▲ 上 由於工作辛苦，食無定時，廖昌染上了胃病，要入東華醫院割胃，在醫院住了大半年，用了一筆醫藥費，一家節衣縮食，足足捱了兩年。

下 廖昌節約度日，要個幾月才湊足錢買豬骨夾生魚仔煲湯給孩子補一補身體。

（圖片來源：香港電車職工會：《電車工人畫冊》，1954 年）

星期日放「禮拜假」時，這才抽兩塊銀元買些豬骨夾生魚仔煲湯給子女滋潤一下；要到年尾發花紅，才能為仔女做套新衣裳。平日的衫仔、褲仔、鞋仔，多年來都是靠親友送贈，否則就沒得穿着。兒女都是粗生粗養，大女條褲已不合身了，不知說了多久了，褲襠也破爛到沒得補了，做阿媽的才咬實牙根，出四個半銀錢買布回來，借一部縫紉機自己動手做。過年過節，人家有得吃的，你沒得吃，看着自家那群小孩實在難過。過年買了一隻雞回來，分兩餐吃，團年食一半，開年食一半。生兒育女，有病有痛，都要靠「標會」（會，是民間儲蓄小組織）。自己在車上沒時間吃飯，只靠站頭站尾一兩分鐘偷空急吃幾口，那些年胃病嚴重到要入東院割胃。人太瘦，流血過多，恐怕有危險，但是醫生對我老婆說，若然開刀，尚有一成希望，如不開刀，就要準備喪事了。結果只有開刀，因為血少，刀口難癒合，足足在醫院住了五個多月。自己付款打了不少針，花了不少元，事後「做會」（民間的借貸方式），足足還了兩年才脫身。

捱到「索晒氣」（喘氣）始終「冚唔掂」（應付不了）

打工仔，身無長物，真的捱到氣咳，可是始終應付不了生活開支。我們生活得如此艱難，工作如此認真、如此辛苦，怎可說是「人力過剩」呢？公司其實應該為市民交通的便利與安全着想，增加車輛，恢復被除工友的工作、增加工人數目才對。

資料來源：《電車工人快訊》，1954 年 8 月 5 日，第二版。文中括號為作者加上去的解釋。

重點

兩點觀察

1. 日軍侵佔香港時，有電車司機仍然冒險開車，是香港人不應忘記的一筆歷史。在戰火下開車，不可能只是為生計，因為連性命都沒有了，就無從談收入，也照顧不了家庭。當時，冒險開車的司機，是不希望市面癱瘓。沒有了車，市民半步難行。而在上文可見，他們冒的是真正可奪命的兇險！文內便提及，有電車工人被炮彈打中，沒有了半邊頭顱。當年這些電車工人，人格很高尚。

2. 從香港史的角度審之，電車工人眼見快要交通斷絕了，是在職工會的號召下，為維持市民有公共交通可用，才冒着槍林彈雨堅持工作。這一筆歷史，香港人不應遺忘！

故事七：電車風閘夾傷搭客

電車風閘夾傷搭客 工友認為公司要負責任

張偉

1954年7月31日上午11時，一輛正擬由北角糖水道總站開出的六十二號電車發生夾人事件。

該電車屬於風閘車，沒有司閘員，由三等售票員兼任打鐘工作。該售票員檢視車站情況，已沒有搭客上車，於是便打了兩下鐘，正想走進車廂售票時，一名婦人抱着一個女孩由車尾追來，急將小孩舉上車，剛剛好風閘關閉，便夾住了該女孩右手，售票制止不及，立即打急鐘，司機聞鐘聲急開了閘門。事後，查悉該婦人名叫郭佩賢，廿三歲，其女名叫黃麗珍。

如果有司閘員　就會安全得多

工友知悉事故後都議論紛紛，有位工友説：「若果公司留用司閘員，就不會有這些事發生了。我們賣飛佬又要售票，又要照顧搭客上落打鐘開車，你以為有三頭六臂嗎？我們打鐘，揸車佬在倒後鏡望見三等站已沒人上車，就鬆開風掣，但風力未到，風閘未曾關閉，如果有搭客追車，以為風閘未閂（其實已經在逐漸關閉中），衝上車來，便會被風閘夾到。如果有司閘員，便可以及時制止，必要時用手撐住風門，便會安全很多。」又有位工友說：「莊士頓裝風閘，為的是要省回司閘這份人工，已顧不上搭客的安全了。」

一人做兩人功夫　公司錢命兼收

另有一位工友説：「現在搭客這樣擠擁，『賣飛佬』已經做到七個一皮（按：吃不消）！哪有足夠時間來得及去門口照顧搭客上落哩。賣『飛』要不時走進車廂內，又哪有時間走出去打鐘及關照閘門呢？如果賣飛佬售票遲了，公司又説我們『漏收』。如果夾傷了搭客，公司又說我們不『小心』，又要處罰。總之，想工人死嗎！一個人做兩個人的工作，工資照舊，但精神上已負擔了多一倍壓力，怪不知人人都説：『公司錢命兼收』了。」

資料來源：《電車工人快訊》，1954 年 8 月 5 日，第二版。

故事八：
1954年取消守閘員
引致市民受損傷

電車資方莊士頓大量開除工人取消守閘員
而引致市民遭受損傷
引起市民紛紛指責
並要求設守閘員管理車閘

7月29日《星島日報》「讀者呼聲」欄刊載該報長期讀者黃文輝的來函……指出：「電車自從設有風閘以來，時時有夾傷市民事件發生，因而我要求電車公司在風閘處設立司閘員，防止風閘夾傷人的事件發生，這是電車公司要負起的責任。」

8月6日《星島日報》「讀者呼聲」欄又刊載該報讀者曾繼崇的來函，說：「見貴晚報刊有電車閘門夾傷乘客，而且傷勢頗重。一婦人攜幼女在下車時遭受此種不幸，上述此等事情不知已發生過多少次，何以交通當局以及電車公司仍沒有考慮有效辦法，防止這不幸事件發生。站在生意立場的電車公司和素以保障市民生命為宗旨的交通當局，應即採取有效措施，以防止再有同樣之不幸事件發生。」

8月6日《星島晚報》發表短評指出：「大約三個幾月之前，一老翁曾被風閘鐵門夾斷肋骨，而這次則有母女兩人被夾至重傷。……可見風閘鐵門的裝置，實有改善的必要了。」

該短評又說：「公共交通的首要條件為安全，所以電車公司負有改善電車上風閘鐵門至毫無危害乘客安全的程度之責；而負有直接管理交通責任的交通部，更負有督促電車公司改善風閘鐵門至毫無缺點的程度之責。」

8月6日《南華西報》刊載該報讀者李約瑟的來函，說：「對市民來講，電車三等的自動閘是損多益少的。自從公司安裝了這些閘之後，已經發生過很多受傷事件。……上月卅一日在北角總站發生的事件受到很大的關注，因為那個小孩受到如此重擊，以致要叫『十字車』。」

該函又說：「既然這是一件為市民服務的事業，公司應首先考慮市民的安全和方便而不應將賺錢放在第一位。英皇道的意外事件，市民還是記憶猶新。」該函又說：「讓我借用貴報的篇幅向公司提議，在三等採用舊式閘或者將三等的風閘，從司機的控制下割離開來，把它交給司閘員去管理。」

8月7日《南華西報》刊載該報讀者士坦地的投函，說：「作為香港電車的一個經常搭客，我要接着李約瑟先生一起提出我的提議。那些『小巧的裝飾品一樣的門』曾經兩次打在我的頭上，但是真正的危險在於手上，由於大多數搭客要做工謀生活，他們的手受傷是吃不消的。」

8 月 14 日《星島日報》「讀者呼聲」欄刊載該報讀者曾繼崇的來函，說：「港九巴士之閘門俱是由人力的啟閉，卻從來很少聽到有意外事件發生，由此可知電動閘門仍未能達到理想階段，愚意以為，防止此不幸事件之較佳辦法，仍須要有一個專負責看守車門的人員，倘因節省開支而只為公司本身利害着想，那無異視乘客的生命如草芥。」

該來函又說：「電車公司在晚上九時後即開始減少車輛行駛……故每當夜校下課，戲院散場，及渡海輪泊岸時，候車乘客擁塞車站，常久候多輛都不能登車，在下雨天時，乘客尤感苦惱。」

8 月 17 日《南華西報》刊載該報讀者「一個推銷員」的來信說：「我認為莊士頓先生報告的沒有受傷的意外事件的數字只是根據公司所接到的報告。我深信不少被風閘打傷的事件是沒有向公司報告的。搭客和售票員都會怕麻煩而沒有向公司報告這類事件，這是很自然的，除非該搭客是傷到如此程度，在電車工作人員及其他搭客的心目中認為嚴重到需要照料的。」

該函又說：「以我自己的事情為例。今年 2 月某日……我的手腕被打傷很重，雖然當時沒有流血，但後來受傷處瘀黑了，而第二天仍然很痛。當然，我沒有向公司報告，也沒有叫十字車『作預防的步驟』，我想問一句莊士頓先生有否將我的事件記在公司的記錄？如果沒有，請將我這件事加在公司的卷宗裏，而把它列為『完全沒有受傷』那一類。」

該函又說：「我們不能夠說搭客不得不冒一些危險，時不時要給車門夾一次，因此我完全支持李約瑟先生的提議將三等車閘交給司閘員看管，因為他比較司機更能控制得好。」

……

資料來源：〈莊士頓除人不合常軌，社會輿論紛紛指責；道義是在工人一邊，各界人士支持我們（關於電車事件社會輿論摘錄）〉（節錄），《電車勞資糾紛特刊 · 莊士頓無理除人真相》小冊子（非賣品），1954 年 10 月 8 日，頁 18-21。

重點

用今天的認知去解讀上文提及的情況，未必一定掌握當中的關鍵。閱讀時要「回到過去」，想像當年交通工具選擇不多，而人口又於戰後翻倍驟增的社會現實。在人多車少的情況下，自動化的閘門很容易傷人。

而以上多篇文章均反映電車人手不足，危及乘客安全。但莊士頓卻在人手不足之下大批量地除人。

第三節

公司高層強悍的殖民者身份

十九世紀末、二十世紀初，香港島人口增加，令集體運輸工具有其需要。1881 年 6 月，立法局通過建設電車系統。翌年（1882 年）至 1888 年間，對路線進行規劃。至 1901 年 8 月 29 日，《香港電車條例》頒佈。1902 年 2 月 7 日，「香港電線車公司」（Hongkong Tramway Electric Company Limited）在英國倫敦成立，負責建造及營運香港島的電車系統。

1902 年底，這間公司被「香港電車局」（Electric Traction Company of Hongkong Limited）接管。1903 年，路軌鋪設工程啟動，初期由堅尼地城至銅鑼灣鋪設單軌，其後延長至筲箕灣。至 1904 年，電車開始在香港市面行駛。

至 1910 年，「香港電車局」改名為今日沿用的名稱——香港電車有限公司。

1922 年，「香港電車有限公司」總部由英國遷至香港，經營權亦全歸香港，變為一間獨立控股公司，主要股權屬於怡和洋行（Jardine Matheson）擁有。同年，電車改為以香港電燈公司的電力運作。

整理電車工會史，尤其是抗爭最激烈的、電車公司成立的頭 50 年，我們必須稍為知道經營者是誰，以及他的「管理文化」。以下簡單介紹怡和洋行是甚麼一回事。

怡和洋行成立於 1832 年。此時，正是英帝國在海外擴張殖民地的階段。怡和的創辦人威廉 · 渣甸（William Jardine）於 1817 年之前在英國東印度公司工作；之後離職，於 1825 年與英國公司印度士堅拿（INDO-SKINER）合組渣甸士堅拿洋行（Jardine, Skinner & Co.），向中國出口印度鴉片，在暴利中累積大量財富。至上述正式創立怡和洋行的 1832 年，威廉·渣甸在廣州與另一合伙人創辦了渣甸洋行（JARDINE-MATHESON & CO. LTD.），亦即是怡和的前身。

作為遠東最大的英資財團，渣甸洋行於清朝時跟中國的「對華貿易」，主要仍然是鴉片及茶葉買賣。林則徐 1839 年實行禁煙時，威廉 · 渣甸親自在倫敦游說英國政府與滿清開戰，亦力主從清朝手中取得香港作為貿易據點。1841 年，渣甸即以 565 英鎊購入香港首幅出售的地皮。鴉片戰爭爆發後，渣甸洋行於 1842 年將總公司從廣州遷至香港，也把中文名稱改為怡和洋行。賣了幾十年鴉片後落戶香港，並改名怡和洋行後，洋行的貿易貨品開始多元化。1872 年，怡和洋行停止了對華鴉片貿易，開始轉而涉足鐵路、銀行、機械業務。

1922 年怡和洋行全資擁有電車公司。由該年至 1974 年易手香港九龍倉集團為止，怡和洋行共經營管理了電車公司 52 年。

真實故事

故事一：飢餓——有工開也吃不飽與資方的「飢餓策略」

1940 年代下半葉至整個 1950 及 1960 年代，是電車工人跟資方關係最嚴峻的二十多年，因為在資方財富增加、業務擴張之下，工人待遇卻不斷受剝削壓榨。

香港於 1941 至 1945 年被日本佔領，光復後的 1940 年代末物價飛漲，草根階層生活艱難，有工開也吃不飽。以 1949 年 12 月前後而言，差不多每一位電車工友碰面時，打過招呼後劈頭的第一句就是説：「我們要吃得飽！」工人們都飢餓！他們都是勒緊腰帶為公司賺錢，讓洋人上層可以住半山區、過着可以開派對的生活（https://gwulo.com/atom/33908）。當時一名工人的月薪，甚至可以是公司外籍高層職員的一頓午飯（見《老闆賺錢．工友挨餓——電車工友生活特寫》楊曼秋。資料來源：《電車工人　保障生活鬥爭特刊》香港電車職工會保障生活委員會編，1950 年 6 月 15 日出版，非賣品。頁 11-12。）勒緊褲頭開工的工人，每天在軌道上馳騁達十六小時。每一輛電車的「肚皮」都裝得滿滿，人擠得一點空隙也沒有；然而，每部車的司機卻是癟着肚子來開工，他們的家人也同樣肚皮

瘺瘺，三餐不飽，衣不暖體。

電車工人為了溫飽，不得不要求增加津貼，以補償實際工資貶值的損失。當時衡量工資——例如是否合理、是否需要加薪——政府勞工處會提供計算方法，就是與生活指數掛鈎。勞工處會訂定計算勞工生活指數的基本日用品和數量；例如，以豆腐多少塊，頭菜、鹹魚多少兩為標準。但生活的現實是：頭菜、鹹魚的價格不會有甚麼變動，豆腐也彷彿仍然是一毛四塊，可是頭菜、鹹魚之外的食物價格已飛升；此外，仍然是一毛四塊的豆腐，重量已不如從前。而急升的住房租金、子女教育費、衣服費、醫藥費等都沒有列入津貼項目之內。於是，工人要求改變生活津貼的計算方法。在多番要求也得不到資方回應之下，工人於 1949 年 12 月 24 日以怠工方式表達不滿。

怠工頭四天內，工人都只是於上班繁忙時間前怠工一陣子，以不影響民生為主，旨在向資方展示團結及決心，希望表達的訴求不會被漠視。誰知資方不為所動，整個以洋人為主的管理層態度強硬。更糟糕的是資方主動將行動升級，於 12 月 28 日、元旦前，竟反過來索性關廠停車、癱瘓社會！從此，電車公司全體工人被迫進入漫長的停工階段。手停薪停，也即是口停。其間，港英政府採取偏袒資方的態度，相關部門置工人生活痛苦於不顧，企圖配合資方「沒工開、沒糧出」的飢餓策略，圖令工人屈服。另一方面，又在警力上佈陣陳兵予工人精神壓力，企圖以威嚇手段壓服工人。

不屈於停廠的抗爭由 12 月 28 日開始，總共維持了四十四天，是工會一次反飢餓、反分化、反壓迫大型鬥爭運動！在此期間，於 1 月 30 日，在駐守工會的警方主動挑起矛盾之下，終於爆發了羅素街血案。羅素街血案的細節在本書第二章第一節「真實故事」內已述及。

資方一個多月「沒工開、沒糧出」的飢餓策略，令全體工友認清資本家的真面目，從而對資本家不存幻想。機器部七十多歲的老工友王 X 說：「我喺公司做咗幾十年，睇住大班二班入嚟，佢哋初嚟時都係窮鬼，靠剝削工人而家坐汽車住洋樓，我做咗幾十年工都係而家咁苦，故此我幾大都要鬥爭。」* 在停工期間，他很積極參加糾察工作。

* 書面語版：「我在公司做了幾十年，看着大班二班加入公司。他們初來時也很窮，靠剝削工人，現在坐汽車、住洋樓。我打了幾十年工，貧苦的情況卻一直沒有改變，我當然要鬥爭吧。」

資料來源：〈為什麼我們是勝利和　為什麼我們得到勝利〉，香港電車職工會保障生活委員會編：《電車工人 ・ 保障生活鬥爭特刊》（非賣品），1950 年 6 月 15 日，頁 2-3。

故事二：總經理西門士

電車公司 1940 年代末至整個 1950、60 年代的總經理，分別是西門士（或譯作施文士）及莊士頓。以下先說西門士。

由總經理任期的在職資料看來，電車工人在光復後、1949 年 12 月 24 日的第一場具規模的團結抗爭，面對的是總經理西門士（William Frederick Simmons，1900-1950）。然而，西門士究竟要為 1949 年那場加薪、加津貼抗爭，乃至後來的羅素街血案負多大責任？那就要看細節了。

根據電車公司高層洋人後人的說法*，西門士於 12 月電車工人溫和怠工時已「因病」未能視事，職務旁落在莊士頓手上；資料顯示當時莊士頓已是總經理助理（或副總經理）及總工程司。冷酷無情的飢餓策略看來是莊士頓及整個洋人高管階層的決定。於當年，這是整個洋人管理層的共同取態。

1940 年代至 1950、60 年代間，香港電車公司的洋人總經理有以下四位：L. C. F. Bellamy、W.

F. Simmons、C. S. Johnston， 以 及 John H. W. Salmon，他們的在任時間如下：

總經理（General Manager）	譯名	任期	生卒年
L. C. F. Bellamy		1924-1947	
William Frederick Simmons	西門士 施文士	1947-1950	1900- 1950
C. S. Johnston M. B. E.	莊士頓	1950-1961	
John H. W. Salmon	沙文	1961-1978	

西門士於 1949 至 1950 年間的情況又是如何的呢？在上述電車公司高層洋人後人的網頁內，載錄了 1950 年 2 日 1 日 *China Mail*（《中國郵報》）第三頁上的說法（*https://gwulo.com/node/22623）：

Mr. W. F. Simmons General Manager of the Hong Kong Tramways, Limited, died at his residence, No. 358, The Peak, on Monday night, at the age of 49.

Mr. Simmons was interned at Stanley during the war and had never completely recovered from the effects.

He had been confined to his residence by

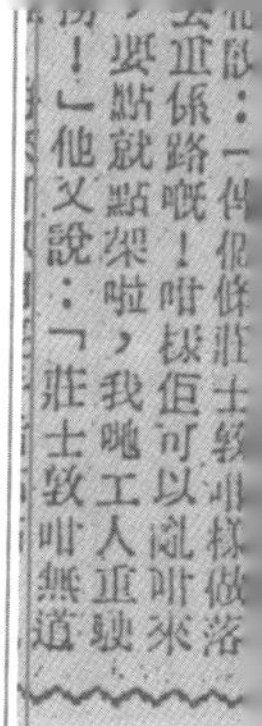

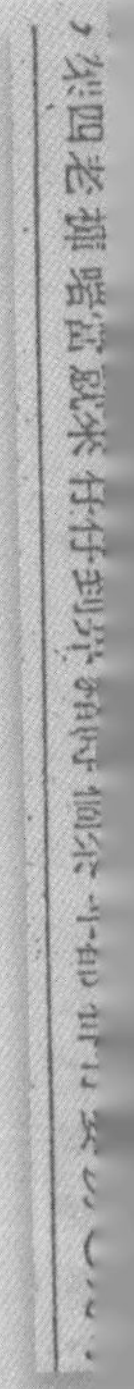

his doctor's orders since the tramways dispute began more than a month ago.

He joined the Tramways about 27 years ago and succeeded Mr. L. C. F. Bellamy as General Manager shortly after the end of the war.

He served on the Urban Council for a short period after the Liberation of the Colony.

His wife and daughter are in London.

Mr. C. F. Johnston, Assistant General Manager, is now Acting General Manager of the Tramway Company.

......A funeral service will take place at St. John's Cathedral at 4.30 p.m. today. The cortege will pass the Monument at 5 p.m.

由上文反映，西門士應於 1 月下旬最後一個星期的星期一去世，查日期即 1 月 30 日。當時的 1 月 31 日是星期二。

西門士於「戰爭時」、即日本侵佔香港時，被囚於赤柱監獄，並因而得到未能從「囚禁影響」中康復過來的創傷。究竟西門士是身體健康、還是心靈健康受損，資料沒有更多披露。只知他於 1950 年去世。按香港電車職工會名譽會長何志堅聽電車工友前輩説，當年工友們的説法是西門士死於自殺。即 1950 年 1 月底，西門士在香港山頂住處自殺身亡，享年 49 歲，其時他的妻女都在英國倫敦。

此外，當「電車公司發生糾紛」（tramways dispute）前的個多月，西門士已因病被醫生叮囑只宜家居，不宜外出。

上述網頁內還另有以下一段（Gwulo:Old Hong Kong 網頁內，https://gwulo.com/atom/33908#comment-49337）：

> **C. S. Johnston came to Hong Kong in 1948 to take up position as Chief Engineer and Assistant Manager, and became General Manager in 1950 following the death of W. F. Simmons,** so I can only assume the photo was taken in 1948/1949. **Mr. Johnston held that position for 11 years and when he retired, John Salmon took over as General Manager.**

上述內容與電車工會現存的材料，以及老工友的口述歷史相近。

簡言之，莊士頓早在 1948 年前後已加入香港電車公司，任職總工程司及總經理助理。而西門士於電車工會在 12 月底為爭取加薪而溫和怠工前一個月，已病休在家。以此推斷，羅素街血案前後真正掌握總經理實權的是莊士頓。莊士頓也是整個 1950 年代最刁難工人的洋人高層之一。

故事三：
總經理莊士頓——他的「莊式除人」

幾乎與羅素街血案發生的同時，電車公司總經理西門士去世，職務由總經理助理兼總工程司莊士頓（C. S. Johnston）接手。香港電車公司的車隊因二戰而受嚴重破壞，莊士頓的加入，工作之一是重建車隊。戰後 120 號車型的柚木車身就由他負責設計，車的驅動機件則來自英國。

莊士頓從非洲被調來香港，在當時他同時是香港僱主聯會理事之一。莊士頓在非洲對付工會和工人的手段出了名強悍，可以説是「惡名遠播」。「羅素街血案」發生後，莊士頓正式出任總經理，從此公司對工人像進行大報復般，待遇和工作環境比從前更加苛刻惡劣。

剛才提過莊士頓是以英資為主的僱主聯會的理事，面對四電一煤之首的電車工會，他更有棒打出頭鳥、敲山震虎的決心，要殺一儆百。按當時的形勢，只要清除了電車工會這阻力，對付其他工會及工人力量便如摧枯拉朽。

在莊士頓的主導下，僱主聯會和港英殖民政府，乃至勞工處，都在暗助電車公司。所以莊士頓正式接任總經理職位後，膽敢豪言三年內可以打垮電車工會。

▲ 圖左為莊士頓。
（圖片來源：香港電車職工會）

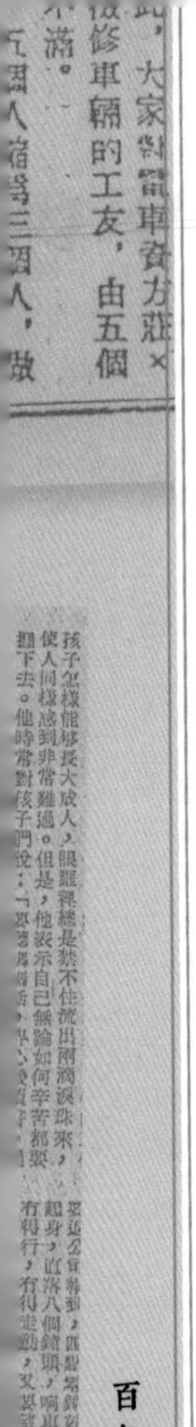

港英當局樂意暗助莊士頓也事出有因。眼見 1949 年新中國成立，香港的愛國社團受到鼓舞，力量更見凝聚，發展勢頭愈來愈好，整個社會的愛國情緒也日益高漲。於是當左派工人要求政府及勞工處擔起協調及促成談判的角色時，港英當局每每以不作為來得過且過，讓莊士頓代表的資方，直接向工人施壓用力。

重點

港英從來都不是球證

在莊士頓的主導下，僱主聯會和英殖民管治政府，乃至勞工處，都在暗助電車公司。

在 1951 至 1952 年間，是港英全面地、在各個層面扶右壓左的時期，此一事實反映部分香港史學者以「球證」來形容港英政府，有不準確之處。港英沒有直接出手，可是在運用警力及其他公權力時，扶右壓左，例如在英資企業內大搞自由工會，利用台灣蔣幫進行分裂左派工會的力量。

莊士頓除人不合常軌，社會輿論紛紛指責；道義是在工人一邊，各界人士支持我們。

（關於電車事件社會輿論摘錄）

電車資方莊士頓無理開除三十一個工人的事件，不但關係到工人的職業生活問題，而且關係社會交通的便利和安全問題，引起了社會人士的普遍的關注，現特將社會各界人士和輿論對此事件的意見摘錄於下；

資方莊士頓除人減車不合情理，不合常軌，不顧市民交通便利安全

香港華人革新協會八月廿四日就電車事件發表書面談話指出：「以電車公司的營業情況觀察，是完全沒有開除工人的必要的。以一九五三年爲例，它的全年利潤就達到五百零一萬六千九百一十五元，比一九五二年多了三十多萬元，而乘客的擠擁情況，較諸以前只有過之而無不及，公司應該從巨額的利潤中抽出錢來多購車輛，增聘工人，藉以改善交通條件和消除擠迫的現象。但公司資方却走着相反的途徑，不但沒有購置新車，反而把最擠迫的跑馬地至堅尼地城線的車輛從原有的三十八輛減爲廿五輛，使市民乘車更覺困苦；不特沒有增請新人，却是一批接着一批地開除。……同時更有造成一種印象，使人感覺到電車公司只想賺到更多的錢而忽視了保障社會交通安全和減輕市民不便的責任」。「電車公司內部的工作分配情況，也證明裁減工人是沒有必要的，根據電車工人的親身體會，公司不僅不會『人力過剩』，而是感覺『人力不足』，譬如街外部以前開除了卅二名工友後，以前一架風車用十二人，現在只用六個人；以前換三對路軌要用卅多人，現在只用十個人；開除了司閘員，便要三個人做四個人的工作，司機兼司閘，售票員兼打鐘，……要應該放假的人返工，有病的工人不給病假。結果工人健康受到直接損害之外，還由於他們工作過度緊張而做成交通上的意外事件，威脅到市民的安全」。

九月一日大公報社評指出：「數年來，在公用事業中，發生糾紛最多，糾紛又最嚴重的是電車公司。而糾紛的發生，大多數却是由於除人而起，……據發表，電車公司從一九四六年到一九五二年共獲純利達港幣三千一百多萬元，電車搭客人數從每年六千六百萬增加爲每年一億三千六百八十萬，電車數量從太平洋戰爭結束后的三、四十輛增加到現在的一百三十多輛。就以去年和前年比較，電車公司的純利也增加了港幣三十四萬多元。工人不難從這些數字上看到，公司的業務是一年一年的發展，公司的車輛是一年年隨交通需要而增加，公司賺的錢也從乘客激增而增長，但他們却一年年被開除，而且開除的人數是愈來愈多，甚至連爲電車公司辛勞服務了半生的人也竟在其列。他們之所以人人自危，因之人人都想得生活和職業的保障，其情其理，是一般人所容易明白的」。

電車資方莊士頓大量開除工人取銷守閘員而引致市民遭受損傷，引起市民紛紛指責，并要求設守閘員管理車閘

七月廿九日星島日報「讀者呼聲」欄刊載該報長期讀者黃文輝的來函說：「我是一個商店收賬員，每天至少有兩次到外收賬，因此電車就是我乘搭的對象，然而最遺憾的是近來電車車廂內非常擠迫，致使等了好幾架仍不能跳上去，時間就因此而受到損失了，我認爲唯一解決的辦法，只有要求電車公司切實照顧市民交通利益和照顧搭客性命安全，首先要增加車輛以利交通。」

該函又指出「電車自從設有風閘以來，時時有夾傷市民事件發生，因而我要求電車公司在風閘處設立司閘員，防止風閘夾傷人事件發生，這是電車公司要負起的責任。」

八月六日星島日報「讀者呼聲」欄又刊載該報讀者曾繼漢的來函說「見賣晚報刊有電車閘門夾傷乘客，而且傷勢頗重。一婦人攜幼女在下車時遭受此種不幸，上述此等事情不知已發生過若干次，何以交通當局以及電車公司仍沒有考慮有效辦法，防止這不幸事件發生。站在生意立場

一九

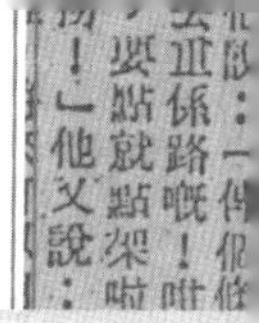

▲ 莊士頓的除人方式十分強橫，也漠視公共交通的責任及引致市民受傷的事實，被各界輿論猛批。然而，在輿論壓力下，莊士頓仍舊批量除人，其手段之強悍、態度之跋扈，反映他並非等閒之輩。

（圖片來源：〈莊士頓除人不合常軌，社會輿論紛紛指責；道義是在工人一邊，各界人士支持我們。（關於電車事件社會輿論摘錄）〉，《電車勞資糾紛特刊 ‧ 莊士頓無理除人真相》小冊子（非賣品），1954 年 10 月 8 日）

第四節

勞資關係不對稱
工會福利事業應運而生

早期電車工會以文娛康樂組織的形式存在，為工友帶來費用低廉的娛樂，令他們能苦中作樂一番。逐漸地，這些文藝活動組織演變成為凝聚工友、為工友謀取福利的善慈福利組織；之後，組織變得更有規模，並在實質上成為為工友與資方爭取權益的「職工會」——雖然，很長的一段時間也不會以「工會」自稱。這是迫不得以的避重就輕之故，因為當時沒有保障勞工的氣氛，爭取，要藏着來進行。然而，無論形式怎樣改變，工會守望相助的精神，一代一代地承傳下去。

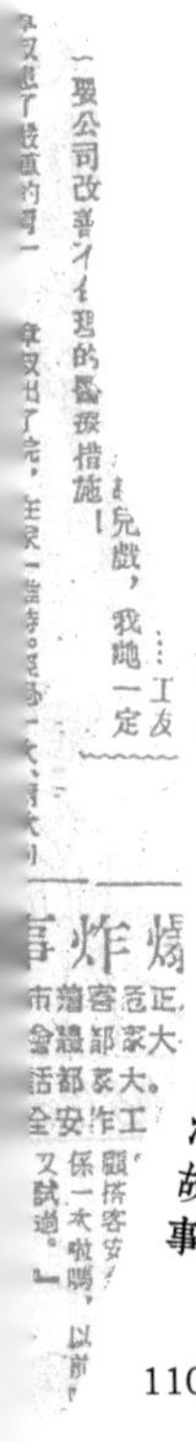

1. 工會團結凝聚工友

上世紀 50、60 年代的香港社會，工人生活的基本條件沒有法例保障。《僱傭條例》1968 年才訂定，當中休息日一項最早也要去到 1970 年才出現。電車工友彼此間有組織地進行的守望相助，劇團是主要渠道之一。劇團凝聚一班志趣相投的工友，他們同心合力為表演搭台建棚，花費工餘時間去練習和傾力演出，而演的都是作風正派、跟反思生活有關的劇目，令工友在物質短缺下能過豐富多彩的精神生活。文藝活動只是令工友團結起來的其中一種方式；彼此建立默契之後，就可以在具體生活需要上互相幫忙。以下是 50、60 年代工會照顧工友生活的例子。

2. 為工友煮飯送飯

早期電車工人工時長達九至十小時，連吃飯時間都沒有，因此，上世紀 50、60 年代的工人，可以說工作時間全部都是在工作，忍急忍餓的情況經常發生。電車工會有見工友欠缺時間回家吃飯，籌劃了包饍到車的服務，以工會的廚師為工友煮飯之餘，更有服務員把工友預先點好的飯餸送到電車站頭。電車工友紛紛表示這項福利讓他們有一口好飯吃。工會對待工友猶如家人一樣，無微不至。幾幅 1950 年代工人畫冊內的照片，記錄了工會為工友準備茶飯的情況。

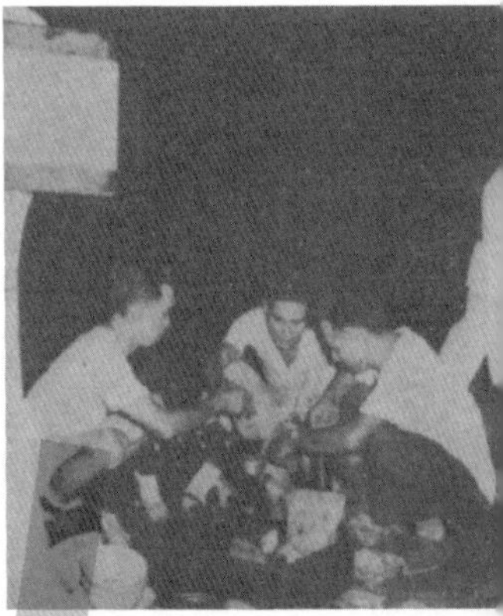

▲ 上 廚師為工友烹煮一碟碟的飯菜。
右下 服務員準備茶飯送到電車上。
左下 工會成員送茶飯到電車上。
（圖片來源：香港電車職工會：《電車工人畫冊》，1954 年）

3. 為工友辦年貨

除了為工友準備茶飯，工會更會貼心照顧天天日做九至十小時的工友。特別以農曆新年前夕為例，電車工人日間的時間都耗盡在工作上，工會便代工友辦年貨。有句俗語：「年關難過年年過」，中國人重視農曆新年，工會替工友找來便宜的貨源，代大家解決年關的煩惱，貼心關切堪比家人。

電車工會由最初的文康組織，演進至工人慈善組織，以至有規模的職工會組織，正正反映了當時勞資極度不

▲ 工會成員為工友辦年貨，送上最窩心的祝福。
（圖片來源：香港電車職工會：《電車工人畫冊》，1954 年）

對等的地位。要知道即使是二十一世紀的今天，工人仍未談得上與資方處於對等的談判地位，更何況是上世紀50、60年代。那時工人所面對的不只是資方，更是整個殖民主義。由遠東最大的英資財團（怡和洋行），搭配上莊士頓這種「球證也是他、球員也是他」的強悍資方代表，再加上僱主聯會和港英殖民政府的助力……這般實力的「資方」陣容，無權無勢的勞工哪能對抗？工會憑團結凝聚的力量，只算是低度的自保。而工會福利事業，是湊合力量雪中送炭，為生活困苦的工友打打氣。

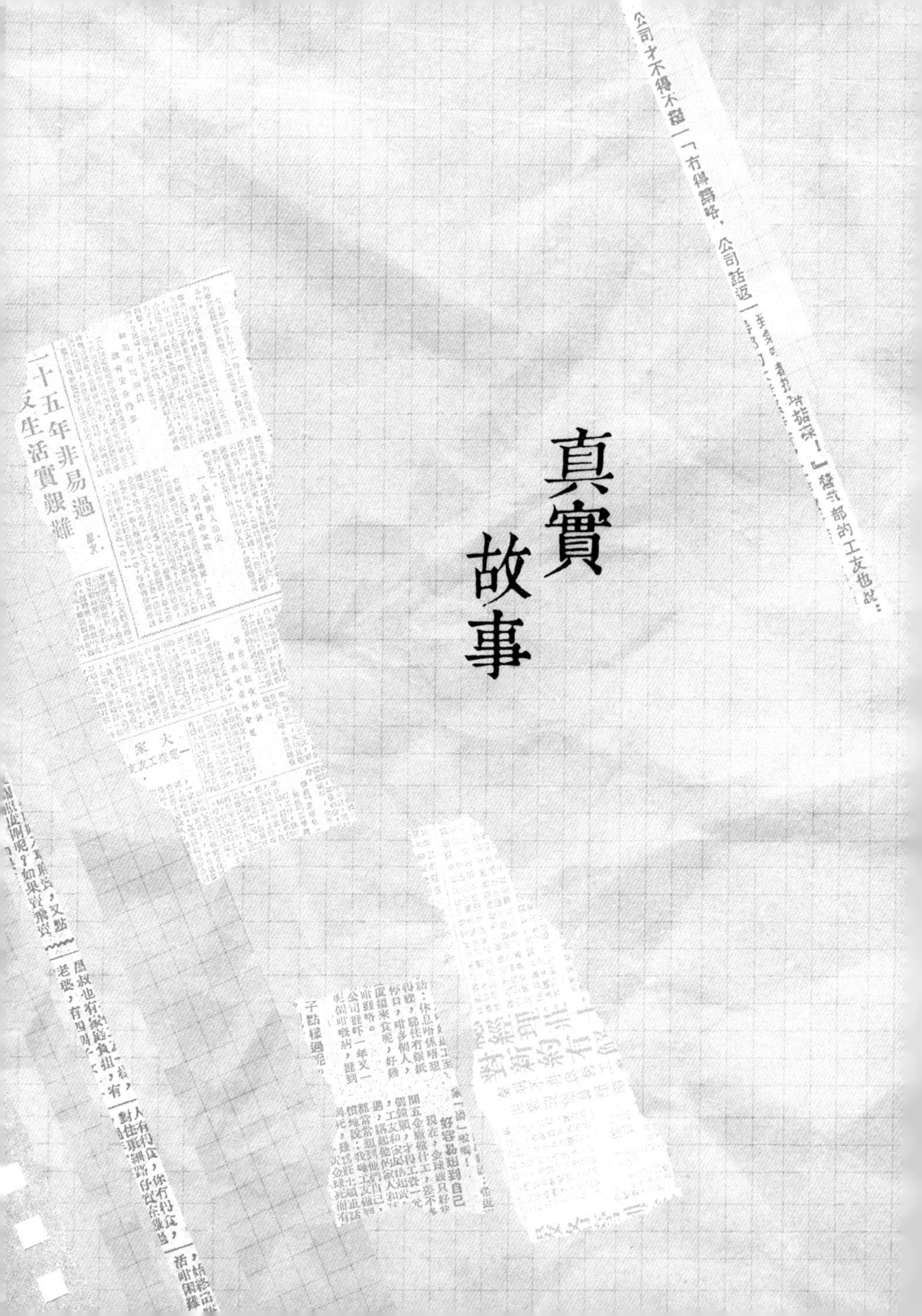

真實故事

導讀｜以下是 1950 年代電車方面的交通狀況，從中折射當年的社會民生。

故事一：那時坐叮叮上學去的教師及學生

促進談判獲得熱烈支持
各界要求立組調處機構
社團、各界人士意見選輯
（節錄「教育界同聲指責莊士頓」部分）

糾紛不談而擴大　學生上課受影響

福建商會一位理事在十一月三日的理事會上指出，如果電車事件（按：指「莊式除人」導致工會發起抗爭）擴大，不僅該會會員所經營事務遭受巨大影響，甚至會員子女上學，亦受阻礙。該會所辦的福建中學也將受影響，學生學業也會有所損失。

堅道一學校的校務主任說：「電車糾紛這件事，我認為都是早日解決好。我們學校有好多學生住在灣仔、銅鑼灣等地，如果電車事件不解決，事件擴大，沒有電車，學生上學一定會出問題。我對這個問題同意用和平談判方式解決。一個繁榮的都市，如果沒有了交通，對各行各業都有損失。不單只工人同我們教師希望早日解決這次電車糾紛，就是廣大市民也希望早日解決。」

半山區一中學校務主任稱：「這件事我已經同教師談過，大家都認為電車資方除人是不合理的。這事件僵持下去對我們不利。如果電車工人被迫停工，交通不便，我們教師同學生上學就不能準時到校。平時我們的學生都有充裕時間補習功課，但如果交通不便，學生補習功課的時間便會被剝削去了。」

他又說：「電車工人有相當誠意使事件合理解決，香港當局對這問題應該負起調處責任。因為這關係到整個市面繁榮及交通安全。」

中學校長有同感　糾紛解決要迅速

西營盤一間中學的校長說：「我同一些其他學校的校長都談過，認為電車事件應該迅速解決。我們許多學生都是住在中區的，如果電車事件擴大，沒有電車，一定會影響學生上學。」

中區一間中學的校務主任說：「我們學校的學生，東邊住到筲箕灣，西邊住到石塘咀，如果電車事件得不到解決，沒有電車，學生勢必曠課，先生也會遲到。」

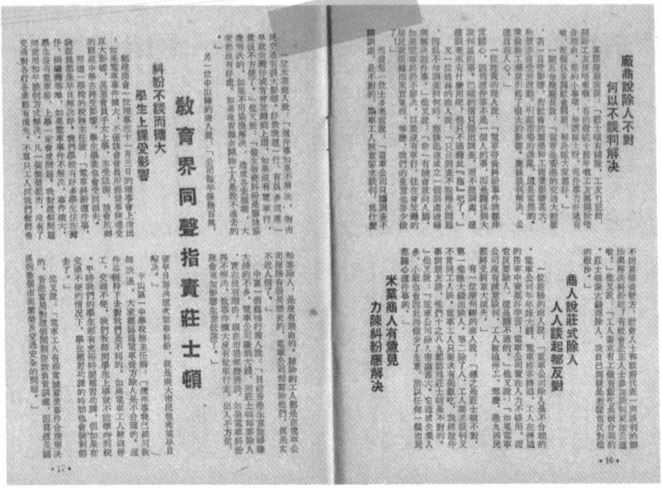

廠商說除人不對
何以不談判解決

商人說莊式除人
人人談起都反對

米業商人有意見
力陳糾紛應解決

教育界同聲指責莊士頓

糾紛不談而擴大
學生上課受影響

▲ 莊士頓批量除人和拒絕談判的態度，令勞資關係惡化，電車服務受影響，社會各界對莊士頓的處理手法深表不滿。
（圖片來源：港九工會聯合會促進談判解決電車糾紛委員會編印：《努力促成調處機構 · 談判解決電車糾紛》（約 52 頁小刊物，非賣品），1954 年 11 月 9 日，頁 16-17 ）

青年學生對糾紛關心

對於電車事件，青年學生們也特別關心。

住在堅尼地城一位姓盧的學生説：「我大哥每天上工，母親上街買菜，我每天上學，總少不了要乘電車，如果電車停開一天，我們全家就要叫苦連天」。

住在西營盤一位姓謝的學生説：「我每日要乘車往灣仔到學校讀書，由於人多，已往往擠不上車，常常遲到，對於功課的影響極大。如果電車糾紛不解決，事件擴大，沒有電車開行，就更加影響我的學業成績。」

一位姓李的學生說：「提起沒有電車坐，我不免有點害怕，因我住的地點和讀書的地方距離較遠，我每天都要坐電車去上課。如果沒有電車，我去上課一定遲到，甚至第一節課也不能上了。我還是希望電車資方要和工人談判，並增多些車輛行駛為佳。」

資料來源：《努力促成調處機構 · 談判解決電車糾紛》（約 52 頁小刊物，非賣品），1954 年 11 月 9 日，頁 17-18。

故事二：
各行各業都依賴電車

促進談判獲得熱烈支持
各界要求立組調處機構
社團、各界人士意見選輯（節錄）

電車本不夠應用　不去增車卻除人

有一位家庭婦女說：「電車是香港重要交通工具，現在乘車的人比以前多，車輛卻沒有增加，大家都急需搭車，車上擠擁現象隨時都能看到。可能因為工友不夠，三等電車門沒人照顧，有些乘客曾被電車門弄傷。其中受傷的有不少是帶着小孩的婦女。從事實上看，現在電車已不敷市民應用，需要增車，而增車就要增人手，為甚麼還要開除工人呢？」

老醫生責莊士頓　連累病人受妨礙

一個老醫生在會上發言說：「電車資方整天說要調查，卻避談除人問題，還說這態度不變。電車公司長期不想辦法解決糾紛，有朝一日迫不得已，搞到電車工人要停工，那我的病人便來不了看病，這對我和我的病人影響有多大！」

一個姓朱的店員：「我是個送貨員，兼職送信。我天天去十多次灣仔，每次都要坐電車。如果莊士頓使到工人要採取行動，令我沒電車可搭，我又沒錢坐『的士』，那我豈不是天天要徒步，十多次來回西環和灣仔？！我要告訴莊士頓：我認為他不對！我希望莊士頓快些改變想法，快些接受調處，跟工人談判。」

一個姓何的學生說：「我爸爸返工要搭車，媽媽買餸去街要搭車，我自己上學要搭車。我的同學有些住西灣河，有些住灣仔。現時電車如此擠迫，已令我們上學經常遲到，已誤了學業；如果莊士頓逼到電車工人停工，情況會更壞，你叫我們怎麼辦？」

資料來源：《努力促成調處機構 · 談判解決電車糾紛》（約 52 頁小刊物，非賣品），1954 年 11 月 9 日，頁 10-11 及 14-15。

重點　由於當年選擇不多，電車成了各行各業上班人士賴以出行的主要交通工具，是整個城市的命脈。

故事三：小商人心中的一把尺

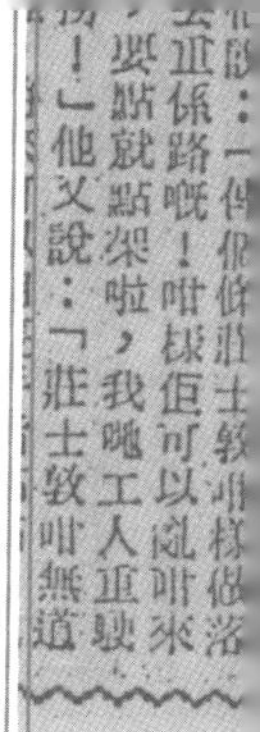

促進談判獲得熱烈支持
各界要求立組調處機構
社團、各界人士意見選輯
（節錄「工商界人士發表意見」部分）

廠商說除人不對　何以不談判解決

某膠廠廠商說：「莊士頓有錢賺，工友沒犯錯，開除工友是不對的。有些做了十多年的工友也被開除，很不合理。這些小事不應該擴大，這種事無比有好。這是社會問題，解決了大家都好。」

一間五金廠廠長說：「電車是香港的交通大動脈，若一旦受影響，對社會的繁榮和工商業影響甚大，物價也會受波動，引起市場混亂。這是必然會發生的。像倫敦工潮就引起了很大的影響。應該談判解決，公道自在人心。」

一位姓黃的商人說：「電車勞資糾紛事件我非常關心，因為這件事不是一個人的事，而是關係到大家利益的事。巴頓的信只提出調查，而沒提調處，這種調查有甚麼作用呢？他只不過是行『拖』字訣！」

又一位姓林的商人說：「只是調查不能解決問題，因為不知調查到何時，應該迅速成立一個調處機構來解決這件事。」他又說：「我一有機會就向人說，如果電車糾紛不解決，導致沒有電車可用，住在筲箕灣的居民就很難出來買東西，那麼，我們的生意也要少做了！」

西營盤一位士多老闆說：「電車公司只提調查不談調處，是不對的。電車工人有誠意要求談判，為甚麼不同意勞資雙方、社會人士和政府代表一起談判的辦法來解決糾紛呢？有社會公正人士參加談判就更加公道！」他又說：「工人要求有工做、有飯吃是很合理的。莊士頓賺大錢而除人，我自己同樣是老闆也反對他的做法。」

商人說莊式除人　人人談起都反對

一位姓楊的商人說：「電車公司除人是不合理的。電車公司年年賺大錢，電車搭客擠迫，工人在擠迫的搭客中賣票好辛苦！電車公司實在人力不夠用，而它反要除人，這是講不通的。」他又說：「如果電車公司沒有誠意談判，工人被迫停工，那麼，港九居民都將受到重大損失。」

調處機構能組成　談判序幕可揭開

西區街坊集會討論

商人在會上發言　贊成工人的建議

•14•

老醫生責莊士頓　連到病人受妨碍

教師學生要坐車　迫切望事件解決

工商界人士發表意見

•15•

▲　莊士頓沒有考慮到電車服務受阻的影響有多大，執意除人，嚴厲對待工會，惹來受影響的市民連番斥責。

（圖片來源：《努力促成調處機構 · 談判解決電車糾紛》（約 52 頁小刊物，非賣品），1954 年 11 月 9 日，頁 14-15）

有一位潮州籍的商人說：「總之是莊士頓不對，第一他賺大錢而除人。第二是除了人，工人要求談判又不肯跟工人談判。電車工人只要求有碗飯吃，我將這件事跟朋友談，他們十之八九都認為莊士頓是不對的。」他又說：「電車公司除人害處甚大。它造成失業人多，小販也會因而做少了生意。所以任何市民都關心這件事。」

米業商人有意見　力陳糾紛應解決

一位米業商人說：「這件事如果不解決，對市民交通有很大影響。好像我這一行，有很多同業一早就由灣仔或者筲箕灣到上環，如果沒有電車行，就很不方便了。」他又說：「發生勞資糾紛是應該協商解決的，如果不用協商解決，造成各走極端，大家都沒有好處。如果沒有理由開除工人是說不過去的。」

另一位中山籍的商人說：「公司每年賺幾百萬，卻要除人，是沒有理由的。被除的工人都在電車公司服務了很長時間，電車公司卻要開除他們，真是太不近人情了。」

中區一個雞鴨行商人說：「目前香港生意能夠賺大錢的不多，電車公司賺到大錢，而莊士頓卻要除人，實在沒有理由。現在市場那麼清淡，如果電車糾紛再不解決，致令事件擴大至沒有電車行走，出入不方便，就會更加影響生意低落了。」

一個姓楊的商人在會上發言說：「電車這件事跟

我們關係重大，試問哪一個市民不用乘搭電車呢？我是一個老闆，不是工人，我也覺得電車資方莊士頓不對，我們做生意的，總是這樣的，賺多了，就多請些伙記；再多賺的錢，就多開個鋪頭。莊士頓此人，賺了錢還要開除工人、減少車輛行駛？！早前他說不反對港府『調查』，但是又不談除人問題，並且表示不接受任何仲裁或干預。這樣設限，即是沒多少誠意去解決糾紛，這樣做對嗎？我贊成電車工人的聲明，請港府和各有關社會組織調處機構，請勞資雙方及公正的社會人士參加調處，公平合理地解決糾紛。」

資料來源：《努力促成調處機構 · 談判解決電車糾紛》（約 52 頁小刊物，非賣品），1954 年 11 月 9 日，頁 15-17。

故事四：架架電車擠滿人的小市民生活

架架電車擠滿人

為社會交通服務的電車工人都明白，每一個乘客都希望交通方便，等車是一件令人討厭的事情。但是，很多時候因為電車車廂裏擠滿人，實在不能再上客了，面對站台上的候車搭客，我們也替他們焦急，往往亦只好這樣解釋：

「上不了嘞，逼不上來的了，等後面的一輛啦！」候車的人會怎樣説呢？他們説：「每輛電車都説等後面，

▲ 昔日電車是草根基層日常交通必須的工具，然而電車公司賺錢後卻沒有添加人手，還出現莊士頓批量除人，令升斗市民搭車往往要等上好幾班車，付了血汗錢買票坐車卻得不到理想的服務。

（圖片來源：《電車勞資糾紛特刊 · 莊士頓無理除人真相》小冊子（非賣品），1954 年 10 月 8 日）

後面，不知要等到何時了！」「讓我們也上車吧，我們已等了五、六架車了！」「趕時候啊，大佬，搏命你都要讓我上車啊！」我們何嘗不理解乘客的焦急心情呢，每一個搭客都在趕時候；但是，往往就在三等車（車尾）閘門這一小塊地方逼滿十多人，甚至二十人，簡直都無法轉身了，寸步難行，大家只好舉起雙手，客傳客的買票，你想，車上的搭客會怎樣呢？他們說：「唔好再放人上車了，真想逼死人嗎。」

「唏，不要再逼了，你看，把我小孩逼成這樣了。」這時很容易使我們聯想起一件事：這一天，一個年約四十歲的婦人，她揹着孩子，在七姊妹道登車到筲箕灣，車上人逼得很，孩子一直在喊，有甚麼辦法呢，車到鰂魚涌站，她說要下車走路了。她說：「我只得獨子一名，別把他和我都逼死了，唏呀，我寧願走路了！」結果她下車步行。

實在，搭客擠迫的現象是普遍存在的，住在筲箕灣的居民當然清楚，晨早由柴灣坳出來馮強站候車的搭客，即經常擠滿七、八十人甚至過百人，在西灣河街市和第三街兩個站都經常因為客滿而上不到車。由跑馬地至堅尼地城線的車輛，可以說是整日存在搭客擠迫的情況，第一架車開出至中環街市即擠滿搭客；晨早在天樂里口站滿人，往往要停車兩分鐘才能上齊搭客開車。在修頓球場和經濟飯店等站候車的搭客，也是經常因為客滿而上不到車的。

在我們電車工人和很多老香港的記憶裏，以前在頭等車上釘着有一個白牌，牌上寫的是：「此車樓上嚴禁企立，搭客如超過限額者，司機不得將車行駛」。三等車廂也也有「搭客不准在車尾企立」九個字，但是，自一九四七年以來，由於搭客人數大量增加，由一九四七年的六千六百萬人增到一九四八年的八千七百九十萬人，以至去年（一九五三年）的搭客人數竟達一億三千六百八十萬人，而電車公司的電車祇從一九四八年的一百零三輛增加到目前的一百三十一輛（實際開出車輛只一百廿輛），即是説，以目前的情況和一九四八年比較，搭客人數增加二分之一人有多，而車輛增加僅得四分之一左右，遠遠追趕不上搭客人數增加的需要，顯出了車輛不足的嚴重問題。雖然以前車上的字牌早就給收起塗抹掉了，但是任誰都不能抹煞搭客擠擁的事實。

當前的問題是搭客普遍要求增加車輛行走，特別是跑馬地至堅尼地城線，由於西環有魚菜市場，還有雞鴨欄和豬欄，估計和市場有關係的搭客佔有很大的數量，他們人來人往，大都靠電車作交通工具的，兼且近年來在西環尾建了一些平民屋，他們都是由跑馬地、藍塘道等木屋區遷來的，一定要到市區來找生活。可是莊士頓沒有正視這樣一個擠迫的事實，反而於五月卅一日起，在這條線上縮減了十三輛車，由原來的三十八輛減為二十五輛，無異於將三十八輛車的搭客，改由二十五輛

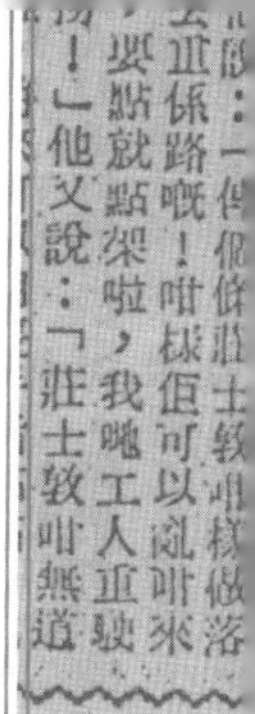

車來負擔交通的責任，以致平均每輛車每更三等乘客由九百人增至一千三百人以上，頭等乘客由四百五十人增加到六百五十人（月票乘客還未計算在內），其結果不但增加我們工人做多四成以上的工作，也使市民感到交通的不便。老年的菜販說：「我地的伯爺婆，唔夠後生仔逼嘅」，要求增加車輛，「丟那媽，你地老闆賺咁多錢，應該叫佢開多的車呀。」

住在筲箕灣的搭客也說：「電車公司的大班（高層）『零舍衰』（特別差），年年賺幾百萬，應該增加車輛才對啦。令我們不時要等五、六輛車才上得去。」

南華西報也曾於九月十四日、十六日、廿一日連續發表該報讀者來函，「希望電車公司盡早安排增加車輛」，對於電車公司將增加車輛行駛「衷心希望能及早實行」，以解目前擠迫之困。

所有市民對電車擠迫情況的意見和迫切希望增加車輛的要求，都與電車工人的利益完全一致。電車工人早就體會到車輛不足、搭客擠擁的問題，市民交通不便的事實已存在久矣。市民要求增車的迫切要求早便存在。

資料來源：《電車勞資糾紛特刊 · 莊士頓無理除人真相》小冊子（非賣品），1954 年 10 月 8 日，頁 14-15。

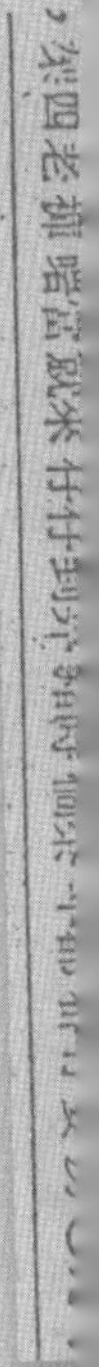

公務人員生活津貼調整辦法
警方拘捕
工友代表廿餘人
貪隆中將抗議放逐
據稱決設法返泰國
九龍城市場
最近可重建
收容災民
建平

第三章

1960年代港英殖民政府時期

1950及60年代是情況相近的兩個十年。這是香港二戰後的艱困及恢復時期，社會整體不富裕。於1953年放映的粵語長片《危樓春曉》以及1964年放映的《香港屋檐下》都反映當時的社會情況。想感受一下當時的生活氣氛和衣着打扮，可以看看這兩部電影。而吳楚帆「食碗面、反碗底」的名句，即出自《香港屋檐下》。

「粵語長片」時代的香港，工人收入低，生活質素差，有工作也保障不了家人溫飽、保證不了下一代有書讀。這些都是當時勞工階層的普遍實況，也是殖民地管治下的總體情況。五六十年代工人的情況，不是一般性質的、不對等的勞資關係。老實的工人活得艱苦，不是個別的際遇問題，而是一種社會現象。因為當時的工人既沒有充分的勞工法例保障，也要面對有政府撐腰的資方。

1960年代中後期的社會動盪，跟貧困人口的生活沒有保障、工人工作待遇被不合理地嚴重剝削有關。閱讀下文電車工人的工作情況、生活片段，會令你對「粵語長片」時代的工人、乃至社會面貌有更立體及真實的認識。

小知識

舒巷城的小說

舒巷城1950年代的作品《鯉魚門的霧》及1960年代的《太陽下山了》，是當時社會的人文記錄。今天回望過去。這類早年香港寫實小說的歷史意義頗為重要，與同年代的電車工會史料並讀，會令你對五六十年代的香港有更立體的認識。

真實故事

故事一：
「飲杯」與被「塔」

重點

1950 年代電車工人及工會有兩件大事，分別是羅素街血案和莊士頓除人（簡稱莊式除人）。而踏入 1960 年代，由 1961 年 3 月開始，沙文接替莊士頓出任總經理。電車公司換了新的總經理，只換了人，卻沒有改變管治文化。在沙文治下，工人跟電車公司展開新一輪的勞資角力。新上任的沙文不來大批量除人那一套，他行的是抓小辮子的管治手法，以挑小毛病來跟工人糾纏，從而達到剝削和壓榨工人的目的。

以下幾則真實的個案故事，反映沙文的管治方式之餘，也可以為空洞、不無美化的懷舊潮添上血肉。近年興起的，對 1950、60 年代，甚至 1970 年代生活的懷戀，會不會是沙龍鏡頭隱惡揚善之下的美化？

電車公司以找藉口停工扣薪的處罰政策來壓制工人，這手段被名為「飢餓政策」。這命名一點不為過，實事求是，扣薪水就是減少收入，於本來就捉襟見肘的那份人工而言，再七除八扣，便難以維持家人溫飽。

以下是工友親述被惡意挑小毛病的事例，從中認識幾種常見的罰則。

1.「飲杯」與被「塔」

工友們説：在行車中發生轆響，要「飲一杯」，到站時間有快慢——有時甚至只快慢一分鐘——也要「飲杯」。每天經常有十多人要「飲杯」，而結果往往就是「塔」一日。這樣對待工人，就是飢餓政策！

「飲杯」即是口頭上説的「port」。被資方管理層port，即是被report，被打報告。於當時，被「飲杯」、port、被打報告的，就要去見洋上司（鬼佬）。見面時或被斥罵，或被罰。如被罰「塔」一日，即停工一天。沒開工一天，就扣一天薪水。

2. 司機被挑剔的情況

要「飲杯」的，大多屬於實際工作中在所難免的小事。工友指出，電車搭客多，停站時間難以劃一，上落客人多、人少時間便完全不同。而車站多，停站時間上的分秒誤差疊加起來，便令到總站時累計的時間出入很明顯；再加上香港路窄車多，只要某段路稍為塞車，便

全體電車工友團結一致
憤怒抗議莊記亂罰工人

在嚴重抗議之後亂「砵」現象已見減少
爭取實現合理要求工友堅持長期鬥爭

人人憤怒提抗議

在二月廿八日和三月一日，我哋電車工友分別舉行了早夜更工友同家屬嘅大會。參加開會嘅工友、家屬都大家一把火，滿腔激憤，揭穿莊×頓最近對待我哋工友的無理做法。人人都話，一定要嚴重向莊×頓抗議，唔能夠任佢無理壓迫工人。

莊記亂罰工友

喺二月尾左右，工友紛紛向工會報告，莊×頓最近亂「砵」工友，眞係好似癲咗一樣，工會計一下數，最多嗰日「砵」咗三十六人，最少嗰日都「砵」十多個人。而且莊記重對工友危言恐嚇，又話「最後一次」，呢種嚟嘢裝腔作勢，工友一致話：咁樣落去唔得了，工友生活職業又受到威脅，我哋堅持長期鬥爭，一定唔能夠任莊×頓咁樣橫行！

到底莊記點樣亂「砵」工友？照大家工友反映嘅情形，眞係佛都有火，唔惱就瓦燒。呢處舉出兩個例，就可以說明。

有一個司機，因為發車經過利園山，遇到山上打石炮，唔過得，阻咗一陣；到総站時，竟因為遲到三分鐘被「砵」。

有一個司機走北角屈地街線的車，但係轉轉車都準時不誤，只有喺收車時候，因為最後一轉，冇乜人上落，到站時快咗三分鐘，被「砵」。

有一個司機，走跑馬地線，星期六下午，打波散場，搭客十分擠擁，成架迫到實。一連三轉車，車車如是，冇法子下車鬆一鬆。到第四轉車嘅時候，佢好尿急，再忍唔住，只好趕快到跑馬地總站落車小便，咁嗰次車快咗四分半鐘左右，被「砵」。

有一個售票員，嗱行車時間扣少一粒鈕，又被「砵」入寫字樓，話叫做「衣冠不整」，重講係「最後一次警告」。

有一個司機行車時，大鼻×喺企喺旁邊，但突然叫停車，唔知點樣喺軌道上執倒一口八分長嘅螺絲釘，話司機睇唔見，又「砵」入寫字樓。

講唔講得咁多，但只要睇下上面幾個例子，就完全可以見到莊記最近「砵」工友嘅冇譜法，尤其大鼻×狐假虎威，亂指胡為，引起工友無限憤激！

點解莊記咁樣做

工友大家一致指出，莊記呢種做法唔簡單，有陰謀。自從莊式除人來勢洶洶，我哋打退之後，莊×頓不甘心失敗，更怕我哋工友越來越團結，堅持鬥爭好福利，長期鬥爭。因此，又試企圖向我哋埋手，出呢一橫，想嚇窒我哋工友。呢件事，配合埋最近「城也利自由工會」借屍還魂，改頭換面，又想重新欺騙工友分裂工友嘅團結，再來打爛我哋嘅大飯碗，更加睇出莊記嘅陰謀詭計。

大鼻的「傑作」

堅決反對莊記無理措施

大家喺會上越講越火滚。大家都話，立即派代表向莊×頓提出嚴重抗議，唔得俾佢搞咁呢種做法。同時工友重提出，造成工友工作困難嘅原因之一，係車輛唔夠，而家游水季節將到，更應該增車；工友住得遠，上工放工時，又冇車搭，往往行好遠，公司應該派車接送工友返工放工；工友家眷搭車應該免費；公司應該多建宿舍，同時取銷入宿舍住嘅苛例，減低租值。呢兩要求，在工友代表向莊×頓提出抗議嘅時候一齊提出。

工友都話：我哋而家齊心合力，辦好福利，開展生活互助工作，電車工人空前團結，有充分嘅力量，一定唔容許莊記胡為。

爭取勝利 堅持鬥爭

三月五日，工會派代表去揾莊×頓，提出工友嘅抗議同要求。唔知佢係自知理虧還是因乜，竟然避開唔敢見工會代表。但係咁樣即係說明佢明知工友團結一致，嚴重抗議嘅堅決意志。因此，據工友反映，呢幾日亂「砵」咗情形已經減少；到咗三月七日，報紙上就有電車資方準備半年內起新樓嘅消息。正好似工友話：呢啲就係我哋鬥爭嘅成果；但莊×頓仍然唔甘心失敗，對工友嘅要求亦都唔願全部接受，因此我哋今後仍然要加強團結，提高警惕，辦好福利，堅持長期鬥爭，爭取每一次嘅勝利！

▲ 電車工人被無理斥罵、或被罰，俗稱為「飲杯」，往往因為小事而被罰，甚至扣人工，令已經待遇微薄的電車工人百上加斤。
（圖片來源：《電車工人快訊》，1955 年 6 月 21 日）

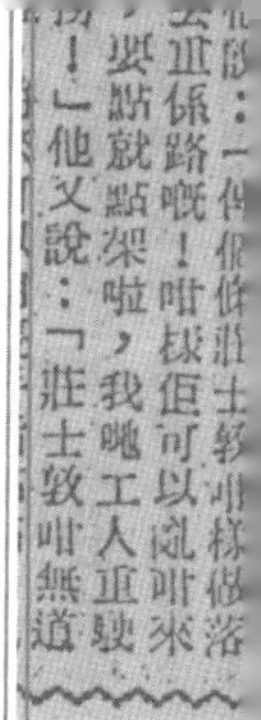

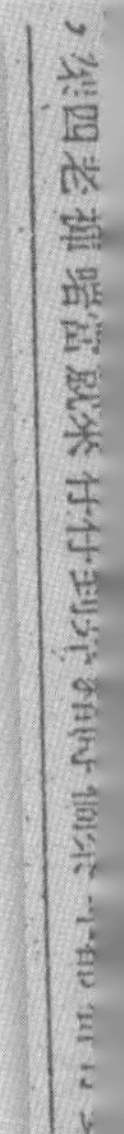

令全程時間難以鐵板一塊地準確劃一。在漫長的電車路線上，全程時間快慢一分鐘本來在所難免，是小事；可是，當時資方有心刁難，於是司機隨時因全程時間快慢短長一點點而動輒得咎，被「飲杯」。於 1961 年間，某高級職員曾搭乘由上環至筲箕灣線電車，親身體驗及測試行車情況。走了一轉——即由上環至筲箕灣，再由筲箕灣至上環——連他也説：「依足規定方法行車，一轉車（一次行車）也會慢兩分半鐘。」由此可見，責任不在司機身上。部分主管刻意找茬吹毛求疵處罰司機，是無理行為。

而電車到站是否準時，又如何確定呢？於當時，公司在各站頭都掛了電時鐘檢測時間，實行所謂「標準時間行車，快慢不准超過一分鐘」的管理。可是，有司機工友指出，各站頭的電鐘並不一致。掛在筲箕灣站、北角站、鵝頸橋、上環街市等站頭的電鐘，所示的時間並非同步。這就有趣了，叫工友守「時」，是守哪一個鐘的「時」呢？公司有些高級職員如此回應：「各站電鐘都不對，要照麗的呼聲時間。」如此一來，既然公司掛在各站頭的電鐘都不管用，那營業部主管又根據甚麼標準來指控工友快或慢了呢？根據何在？這就是動輒得咎，典型的欲加之罪。

3. 電車工友被挑剔的整體情況

司機之外，不少電車工友都被雞毛蒜皮的小事挑剔，有的因而降職，有的離職。

以下是 1961 年的個案。司機黃 XX、張 X、售票員鮑 XX，被飲杯的都是小意外，例如售票員鮑 XX 打錯孔。營業部某主管惡意執住各式小意外，將工友降職掃車。某主管甚至對黃 XX 工友説：「將來可能開除你，亦可能連公積金都無！」這種半恐嚇、半挑事的激將法是「奏效」的，當中姓張、姓宋的司機，就是被刺激之下，氣憤地説了句晦氣話：「我最多唔做」——誰知，主管如獲至寶，執住那句氣在心上、衝口而出的話，逼那兩位工友離職。

當時面對公司縱容下的「惡吏」，工人於情感上被欺負，於工作上被挑剔，於職位保障上充滿風險。1960 年代的勞工狀況，可以用上述的具體例子以小見大。

資料來源：由作者按若干原材料綜合編寫。原材料來自《競進、存愛，電車情懷——香港電車職工會百年史整理》書內「第三部分」。

故事二：忍尿至打冷震

賣飛佬日記
是日也　睜開眼賴尿

成金

谷氣日日有，今日特別多。今日走跑馬地車，適逢跑馬之期，人山人海，做得一條氣，一身臭汗，又尿急添。好不容易捱到跑馬地總站，以為可以落去「放水」，點知公司高級職員在總站企住，不准我落車。我曰：「好尿急，要落去小便。」佢大聲喝道：「你死你事，快的去開車，阻慢車你負責架！」天咁大頂帽笠落來，唯有頂硬上開車。但愈來愈頂唔順，幾乎谷爆。咳，捱飢抵餓捱苦工我都捱過，忍尿呢味嘢，認真辛苦，若果不親自捱過，是講不出個的難頂法的。古時講故忍尿會死人，寧可信其有，不可信其無也。一路做工夫，一路打冷震，已經忍無可忍，於是把心一横，任褲賴尿吧！但濕褲點辦呢？人急智生將帶上車的一樽茶作飲茶倒濕褲狀，來掩飾窘態。此事總算功德完滿，鬆咗一陣。不料禍不單行，有稽查上來查票，發覺路程表箚錯了一個字，稽查如獲至寶，擒擒青簽字上去。我曰：「剛才忍尿，可能精神恍惚而致筍錯。」但解釋有甚麼用，他豈肯放過領功的機會呢！這一杯是「飲」定了。谷氣谷到收工，去大牌檔食嘢，茶起了斗零價，大牌檔老闆說：「大佬，成個銀錢斤糖，唔起點頂。」水漲船高，這是難怪，各行各業都加咗薪，但我地公司加薪仍未有着落，大班重還不接見工會代表，真正豈有此理！

飲完杯茶睇吓個鐘，已經下午五時。弊！今日是隔日供水期，老婆大人今日去做咗坭工散工，剩返成班細路喺屋企，冇人去街喉輪水。馬上搭車返去，擔兩個鐵

▲ 電車工人大小二便也要強忍，忍無可忍的時候……。他們即使渾身臭氣，也要勉強工作，可謂慘無人道。
（圖片來源：香港電車職工會：《電車工人畫冊》，1954 年）

罐去街喉處，嘩！水桶陣好不驚人，幾時輪得來，唯有去水艇買吧，一毛半子一擔，買咗兩擔擔返去半山木屋區，成個軟晒，躺在床上抖下先，由得班細路喊肚餓，實行等老婆返來先至煮飯。

晚飯後，過隔籬揸車佬亞陳伯處坐下，呻吓啖氣。陳伯曰：「賴屎賴尿嘅，車上好多伙記都受過，我早排何嘗不是在車上賴屎咩，又係趕喉趕命開車，冇時間出恭之故。幸而我是個司機，自己臭自己知，如果係售票員，成身臭晒，唔知點辦添。」我曰：「寫錯一個字，平常事耳，特別我地喺車上搭客咁多，忙中難免有錯，點解郁下就要罰呢？」越講越谷氣，不禁長歎曰：「陳伯，咁樣點捱落去呢！」陳伯曰：「我大你廿幾年，我都要捱下去，眼睛望遠一的，不合理嘅現象不會長久存在嘅，自古話：邪不能勝正，終有改變的一天，長嗟短歎，非丈夫所為，『的』起心肝堅持落去吧！」陳伯薑桂之性，愈老愈辣，他寥寥數語，鼓起我的勇氣。對！我地不能在困難環境下低頭也。

資料來源：《電車工人》（非賣品），1963 年 5 月 25 日，第二版。為傳神，本文原文照錄，不加潤飾。

故事三：「車轆響」都要被罰

電車公司苛例多（節錄）

電車公司事無大小都要寫「砵」紙（報告書，port，report），發生交通事故固然要寫砵紙，同時要畫圖；行車中途發生頭暈、肚痛，由站長吩咐（口頭指派）別人替工，也要寫砵紙；忘記帶「路巴」（轉變路軌的工具）上車，夜更司機又要寫；甚至小至搬遷住址，過去只向職員報告一聲就行，現在也要寫砵紙。幾乎小便唔出都要寫砵紙，把工餘休息時間奪去。

電車上的工作乍看似「遊車河」，很輕鬆，然而一上車工作，問題可多呢。如各站之間的行車時間是硬性規定的，快慢兩分鐘，甚至一分鐘就要被「砵」，「飲杯」，甚至處罰停工，而停工那天的工資和生活津貼就被扣除；過交通燈稍慢一些，司機也往往被交通警員控告，動輒受警告或罰款；為了避人避車，經常要緊急煞車，以免出事，因而「轆響」，也要「飲杯」，而「飲」者多被罰停工。有個司機向公司解釋「轆響」原因時，公司竟說：「車死人一件事，整響車轆，公司就要損失。」售票員把票孔打歪一些或在匆忙中箚錯一個阿拉伯字，

電車公司苛例多

公司利潤直線上升

業務發展 工人減少

苛例多多 動輒受罰

拾遺報告 反受處罰

強忍不住 車上賴屎

▲ 昔日香港欠缺勞工法例，電車公司設立不少苛例，令工人疲於奔命，動輒受罰，可見工人處於一個極不對等的形勢。

（圖片來源：〈電車公司苛例多〉（節錄），《電車工人》（非賣品），1963 年 5 月 25 日，第二版）

▲ 三歲小孩也要買票，否則工友會被稽查 PORT。

（圖片來源：香港電車職工會：《電車工人畫冊》，1954 年）

衫鈕、袋鈕臨時甩了或忘記扣上，那怕是一粒之微，儘管這些事情對公司毫無損失，也要「飲杯」或處罰停工；最近有個小童搭車，頭等售票員根據他報稱的年齡將一張一毫子的半票賣給他，後來，公司的稽查説該小童應買全票，公司就硬指售票員不盡責，罰他停工兩天。因此，不久前，有個新入公司的售票員，第一天上車學賣票，他碰到如潮湧似的搭客，擔心忙中有錯而受到處罰，弄得手忙腳亂，在當日下班後就向公司辭工了。

行車或急煞掣時車轆（輪）發出聲響，是正常不過的事。可是，司機卻要被 port。煞車有「轆響」跟車輛鋼質不夠堅硬有關，責在工具，司機無錯。可是，公司把「轆響」、磨蝕鋼轆的賬，也算到司機頭上，要被「飲杯」或罰停工，做法完全不合理。

資料來源：《電車工人》（非賣品），1963 年 5 月 25 日，第二版。文中括號為作者加上去的解釋。

重點

「車轆響」都要被「砵」、被寫報告及處罰，是畸形的勞資關係。

開車時「車轆響」，是急煞車、急減速引致，即使車轆會承受磨損，也是自然而然的情況。對於避人避車而引致的「必須」磨損，當時竟然都成為工人被罰的原因？！

荒謬之處，是將資方「生財」工具在合理使用上所產生的折舊率，算到工人身上。從中窺見1960年代勞工在承受怎麼樣不合理的待遇。這絕非一般性的、因角度及立場不同而產生的「勞資必然對立」。從中也反映，「六七事件」前的勞資關係，是不對等至失去道理的程度，其情況不能與今日的勞資關係同日而語。泛泛的「勞資矛盾」四個字，不足以說明當中滲入了殖民因素下的勞資對立。

故事四：連續三天看醫生當伱殘廢

夫妻一齊被炒魷魚

一鳴

司機老林，兩夫婦，一個小孩及一個老媽子，一家四口，除生活費之外，還負擔着六十多元的租金。區區二百五十多元的薪金，生活確難以維持下去。於是設法使妻子入公司做夜更洗車工作，兩口子拍硬檔，勉力支撐着這個家庭。

電車公司總經理沙文指出

女員工懷孕逾五月

提早停工並非解僱

【本報訊】香港電車公司屬下女員工如懷孕超過五個月者，只需提早停工而並不如外間所傳會被公司永遠解僱。

香港電車公司總經理沙文昨日評論外間指責該公司暫行辭退懷孕的女電車司機及售票員等一種「逐步解僱女員工」及「裁減女員工薪酬」的行動時，作出上述表示。

沙文指出：該等女員工於分娩後，可以申請重回公司工作，而公司定必優先考慮她們的復職申請。

沙文說：該公司制訂此項規條，乃為了顧及母親及嬰兒的健康，同時保障乘客的安全。

他表示該等女工可依下列辦法行事：㈠如懷疑有孕時立即向公司醫生報告（妊娠檢查費由公司負担），否則屬於犯規，將被開除處罰。㈡懷孕五個月或照醫生指示提早停工者，該員工應照以下條例辦理：（甲）員工服務十二個月或未滿十二個月者，將付清工資及獲得一九五七年服務條例內載所應得之款項。（乙）員工服務一年或一年以上停工者可於后列辦法任擇其一：提取一九五七年服務條例所應得之款項及退休金；或提取一九五七年服務條例所應得之款項，但退休金由公司保管。分娩後，該員工可申請重回公司工作，如屬上述（二）（甲）及（二）（乙）而選擇提取退休金辦法者，作新人辦理，如被錄用時，則需如新人入公司時接受體格檢查。

如屬（二）（乙）而選擇保留退休金辦法者，彼等停工之日以前之年級予以保留。如日後（二）（乙）保留退休金之女員工申請重回公司工作而未被錄用者，則該員工之退休金，將算至停工之日止。

香港電車公司是於一九七一年開始僱用女性擔任司機及售票員工作，至今為止，該公司僱有二十名女司機及六十九名售票員。

廿一人拯救墮海者

明日分獲頒發獎狀

【本報訊】海事處長符禮準將於明日（二十三日）頒發獎狀予勇敢市民二十一人。他們於過去十八個月奮不顧身，從海中救回墮

▲ 莊士頓繼任人沙文也不是善男信女，1974 年曾有報道指他要求懷孕逾五個月的女員工停工，更沒有放有薪產假，退休金則由公司保管。

（圖片來源：翻攝《香港工商日報》，1974 年 12 月 22 日）

電車司機這份工作極端辛苦，帶來的病也特別多，老林渾身病痛在所不免。他在四月二十日一連看了三天醫生，第三天看完醫生後，要他去見部長，老林心感不妙，出了甚麼狀況呢？果然，部長劈頭就說：「你看醫生的次數這樣多，可能是殘廢，現在降你職，做掃車工作。」如果做掃車，薪金每月少了七十元。生活受威脅，老林當然不答應，部長又説：「你不做就寫砵紙告辭啦。」他據理力爭說：「我只看了三天醫生，怎能當我殘廢呢？！若然我去看另一個醫生，證明我沒有殘廢時，你又如何？」部長啞口無言，老羞成怒說：「你不願做掃車，

我停你職！」在部長面前根本沒有辯論餘地。老林省口氣不爭辯了，臨走時聲明不服，會上訴。

往見總經理沙文上訴時，沙文說：「我同意部長的判斷，決定停你職，多給你一個星期人工啦。」於是老林在公司的無理措施下被開除了，原因只是看了三天醫生，被認定是殘廢要降職。真是禍不單行，不幸的事情接二連三降臨在老林的家庭，他的妻子在老林被開除的同時，又給公司開除了，「理由」是她「不忠實」於公司。夫妻牛衣對泣之餘，又逢拆樓在即，他在繼園台山搭有一間木屋，是準備拆樓後搬進去住的，不料木屋也遭強拆。多難的老林，遭到重重壓迫，陷於徬徨萬分的境地。

資料來源：《電車工人》（非賣品），1963 年 5 月 25 日，第二版。

公務人員生活津貼調整辦法

警方拘捕

工友代表廿餘人

九龍城市場最近可重建

貪隆中將抗議放逐：

據稱決設法返泰國

收容災民建平

林子豐

第四章

1970年代至2019年

第一節

1970 年代易手九倉後的情況

電車公司於 1970 年代的一個關鍵轉變，是 1974 年被九倉收購了。從此代表資方的力量不同於從前。資方，改為是一家上市股份有限公司，當中以英資怡和、置地為大股東。至 1970 年代末，九倉發生持續幾年的股份爭奪戰。1980 年中，九倉由華資包玉剛擁有。整套管治文化也隨之有所變化。

而踏入 1970 年代中，主要是港英政府改變了治港政策：改以懷柔手段及歌舞昇平的氣氛治港。粵語長片的男女主角也由吳楚帆、白燕，換成陳寶珠、蕭芳芳、謝賢與呂奇。1969 年陳寶珠、呂奇的《郎如春日風》內的名曲《工廠妹萬歲》，便是言情電影類型下對工人「工廠妹」生活的美化。這些電影也以它們的方式及不一定反映現實的角度，塑造所謂的「集體記憶」。看來記憶可以經人為塑造，也帶有主觀性，於是對真實材料爬羅剔抉，廣泛閱讀並細心挑選典型，意義重大。

於現實生活中，以電車公司為例，雖然少了官商合體、隨時出動警察那種高壓式的剝削；可是，資方商人本色在商言商，利潤要賺到盡、沒善待工人的那種勞資對立，仍然十分嚴重。工人的生活條件，仍然是需要強烈爭取才得到合理改善。

電車公司 1974 年易手後，勞資關係的攻防戰在性質與力度上，進入另一形態及另一階段。

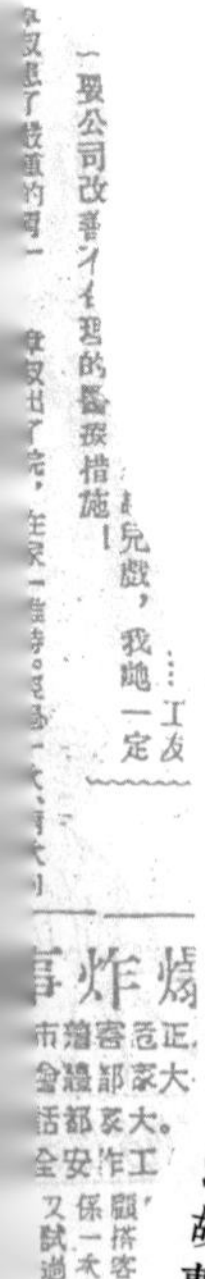

真實故事

故事一：紅燈飯

上世紀1960、1970年代，電車長時間在路面行駛，電車公司卻沒有預留足夠時間讓司機吃飯。當時電車日均載客量高達30多萬人次，在頻密的班次開行中，司機只好一邊開車，一邊吃飯。

退休司機何志堅（現為電車職工會名譽會長）說：「我當司機二十年，都沒有時間吃飯。唯有駕駛期間，大腿夾住飯壺，邊開車邊吃飯。」遇上紅燈，何志堅便趕緊吃幾口。他說：「吃一頓飯可以由筲箕灣吃到去鰂魚涌，吃得好慢，飯菜都涼了！」這頓飯因而得名為「紅燈飯」。

資料來源：節錄改寫自〈電車：另覓出路再續百年傳奇〉，2014年3月7日，113期《大學線》，香港中文大學新聞與傳播學院出版。

故事二：未必存在的四分鐘上廁所時間以及吃「西餐」

電車公司易手後，司機及售票員的工作條件未有變好，勞累艱苦如昔。電車工人工作辛勞，跟公司的時間安排有關。舉例，當司機及售票員到總站後，本來原則上是有四分鐘休息的。可是，只要站長一打出「去」字訊號燈，就要繼續工作。很多時司機及售票員連上廁所的時間也沒有，四分鐘根本就給「偷走」了。上廁所是小事也是大事，連這方面的時間也沒有，工人怎不傷身呢？

此外，電車公司沒有規定時間讓員工吃飯，公司說員工在車上吃飯實屬不雅。當然，在車上吃飯是會影響乘客安全的。可是，司機及售票員在車上不停工作八、九小時，不能不在車上吃點東西吧。於是，只好買兩個麵包，在停車上落客時咬一、二口。工友們打趣說，他們想不吃「西餐」也不行啊。

至於福利制度，電車公司表面上備齊一般公司的福利條件，例如工人有年假、病假、女工還有產假、看醫生入醫院免費等等。可是，原來執行起來並不規範，以病假為例，不是根據病人病情而定，是每天指定「可以請病假」的人數，滿額見遺。有工友病了，卻沒有取得病假額，於是被公司發去擔「輕工」。所謂「輕工」，其實並不輕。有位工友患感冒，公司「照顧」，派他到舊京華戲院附近做維持秩序。「行行企企」，看來寫意，實際上一站就是八小時，呼吸着來往汽車噴出的廢氣及捲起的灰塵。無病無痛也不易捱，何況是一個病人。結果只有加重病情，何「輕」之有？

資料來源：由作者按若干原材料綜合編寫。原材料來自《競進、存愛，電車情懷——香港電車職工會百年史整理》書內「第四部分」。

重點

電車工作「辛苦」，是作為普通人的權益被剝削了。

從中反映，簡單必須如吃飯、上廁所等生理需求，當年的工人都沒有得到公平而合理的對待。一切不是「生活艱難、工作辛苦」八個字可以簡單概括的。這種辛苦，也不是一般體力操勞那種辛苦。

工作「辛苦」，是在於作為人應有的權利，在強弱懸殊的勞資關係下，被不合理地剝削了。

故事三：「一人電車」苦了司機

「一人電車」苦了司機

電車公司實行「一人電車」制，這項「貢獻」已實施多月，這種「一人電車」也和普通電車一樣，由車尾上，車頭落。在車尾安裝了轉動器，乘客必須一個一個地通過此關卡，進入車廂內，車費則在下車時付，乘客把錢投入設在司機位旁邊的錢箱內。

這種「一人電車」，對乘客諸多不便。每當擠迫時，乘客通過轉動器時，前面搭客還沒有進入車廂內，後面的搭客又要上車了。乘客容易受傷。攜帶重物者、老弱婦孺更感不便，事故常因此發生。「一人電車」的司機麻煩就更多了。電車司機本來分內工作只是駕駛電車，但「一人電車」的司機，工作一下子就增加了收錢、要照顧乘客上落、攪車牌、收工時還要關掉全車幾十個窗，有意外還要自己一手一腳處理，疲於奔命。司機不能全神貫注地留意路面交通及駕駛，而要兼任售票員的工作，電車一到總站，顧得了下車乘客入錢，又顧不了上車乘客，更顧不了攪牌，除增加勞動強度以外，還增加司機的精神負擔。一日緊張八、九小時，精神不分裂才怪呢！

報 匯

农历丙辰年十二月大 廿七日 （初二雨水） （第七版）

样解决？一下子如何找得职業？被解雇者连家属约有二千多名，今后是否吃西北风？

在上月尾资方貼出布告声称介紹职業，但不到幾天，就貼出遣散幾百名售票员的布告，同时布告内根本不提工人的就業问题？这样出尔反尔，目的何在？而布告貼出当日，资方竟採取突衆手法宣告開除一班人，态度极不负责任。电车工人要求资方负起解决工人的就業问题，勿再耍花招撚编輿论、撚骗工人。

同时，工人一再指出，公司羣情洶湧下

，由於载客多，加重负担，电车行至北角新威园附近手掣失灵，酿成五车连环相撞事件。事后公司竟要司机担起责任。

别以为售票咁简单，如果在分段漏记票数或记错数等，即使与公司收入无损的事也要「饮杯」。电车

工餘閒話

日前，电车公司貼出通告，声言将会解雇三百多名售票员，实行向巴士看齐，搞电车一人世界，讓乘客「享受」一下自助餐的滋味。以下是年逾古稀，已近风烛残年的电车和巴士两兄弟的一段对话。

巴士：喂，老兄，何以你又要实施「一人电车」呢？

电车：老弟，从你实施一人巴士以来，赚到盆满砵满，收入直线上升，所以为兄不得不向老弟借镜借镜，虽然为兄年纪大些，但多吃角子绝不会感到消化不良，倒也想尝尝自助餐的滋味，想必是其味无穷吧！

巴士：老兄太过奖了，其实，一人控制的公共汽车在外国很多埗市已经大行其道，甚为普遍了，香港早就应该追上时代啦！

电车：老弟所言极是，令为兄佩服佩服，然则老弟言下之意，莫非赞成为兄遣散售票员之举乎！

巴士：当然啦！老兄，说老实话吧，有哪一个机构不是要赚钱的呢，单是服务，没有利润，有谁肯幹呢？在法律上，并没有规定不许解雇工人的嘛，这样做法无疑是迫不得已者也！

电车：不错，不错。更何况，为兄已是风烛残年，当地下铁路建成通车之时，也许是为兄归隐之日，何不趁此短短幾年，饱食一顿呢？老弟意下如何呢？

巴士：高见，果然高见！所谓古语有云、「花開堪折直须折，莫待无花空折枝」，因此，时间就是金钱，趁老兄有生之年，应该尽量增加利润收入，务求荷包膨胀，享受享受晚年之福！是吗？

电车：对！对！对！

哈，哈……（两人相视大笑。）

小市民在旁闻之愴然曰：

唉！年近岁晚，电车公司不但没有对员工派發福利補助，反而要派「大信封」，难道电车售票员多年来为居民服务的精神，一朝可以抹杀吗？电车公司有否想到在这个人浮於事的社会，被解雇的员工将来生活是很成问题的吗？如今过桥抽板，实行「打完斋唔要和尚」，这未免太自私自利吧！老实说，人家饮水也要思源啊！

文：珠峯

图：斐哥

时日无多 搏命刮削

「一人电车」苦了司机

电车公司实行「一人电车」制，这项「贡献」已实施多月，这种「一人电车」也和普通电车一样，由车尾上，车头落。在车尾安装了转动器，乘客必须一个一个地通过此關卡，进入车廂内，车费则在下车时付，乘客把钱投入设在司机位旁边的钱箱内。

这种「一人电车」，对乘客诸多不便。每当挤迫时，乘客通过转动器时前面搭客还没有进入车廂内，后面的搭客又要上车了。乘客容易受伤。攜带重物者、老弱妇孺更感不便，事故常因此發生，「一人电车」的司机麻烦就更多了。

电车司机本来份内

在电车行进中，突然發生故障，电车要改道，必须重新搭线，迅速恢复行走，以免妨碍交通。如果有售票员帮手，司机可以下车攔截其他汽车，讓售票员把电竿绕半周搭过另一道电线，大家合力解决事故，争分奪秒，既可不阻碍交通，又可保障售票员安全。即使如此，去年，曾有司机截车时也被货车撞倒。可想而知，「一人电车」的司机在如此繁忙交通情况下，如遇故障，旁无援手，出事机会就更多，司机和乘客安全可虑！

「一人电车」在落车才收钱，这种设计造成司机和乘客的麻烦，不少乘客匆匆上

工人生活

第一二二八期（逢星期一出版）

▲ 在電車未及自動化的情況下，電車公司在 1970 年代貿然推行「一人電車」政策，司機既要駕駛電車，又要照顧乘客、攬車牌等，令電車司機需專注駕駛之餘，還要兼及各種雜項，情況惹人關注。

（圖片來源：翻攝〈「一人電車」苦了司機〉，《文匯報》，1977 年 2 月 14 日）

電車公司此舉其實是漠視搭客安全！

在電車行進中，突然發生故障，電車要改道，必須重新搭線，迅速恢復行走，以免妨礙交通。如果有售票員幫手，司機可以下車攔截其他汽車讓售票員把電竿繞半周搭過另一道電線，大家合力解決事故，爭分奪秒，既可不阻礙交通，又可保障售票員安全。就是因為一個人要「一眼關七」（一隻眼關顧七個方面），去年，曾有司機截車時被貨車撞倒。可想而知，「一人電車」的司機在香港繁忙的交通情況下，如遇故障，旁無援手，出事機會就更多，司機和乘客安全可慮！

「一人電車」在落車才收錢，這種設計造成司機和乘客的麻煩，不少乘客匆匆上車，下車時才發覺沒有輔幣。急於下車，而其他乘客也沒有找贖怎麼辦？司機收少了錢要被問話，乘客多不願平白多花車錢，司機和乘客矛盾就容易產生。

電車公司慳回三百個售票員的薪金，一年就慳回三百六十萬元。而司機一人兼兩職，每日只增加一元工資，電車公司可謂「縮骨」了。

資料來源：〈「一人電車」苦了司機〉，《文匯報》，1977 年 2 月 14 日。

第二節

2010 年易手法國公司後的情況

據資料顯示，香港電車由 1997 至 2006 年這十年間，每年平均純利約 200 萬元，其中 2005 年電車乘客量達到 233,000 人次。其後香港電車加強車身及車站廣告宣傳，在 2007 年純利超過 1,000 萬元，但在 2008 年受到金融海嘯及全球經濟衰退拖累，當時的母公司九龍倉集團業務亦受到影響，利潤隨之下降。

2009 年 4 月 7 日，法國威立雅運輸集團（現已改稱法國巴黎交通發展集團）宣佈以一億歐羅（約十億港元）向九龍倉集團購入香港電車五成權益。由當日起，香港電車的日常營運工作交由法國威立雅負責。

一年後的 2010 年 3 月，法國公司收購其餘五成電車公司股份，至此便全資擁有見證香港百年滄桑的香港電車。此時的電車公司擁有 163 輛雙層電車以及約 700 多名員工，屈地街和西灣河兩個電車車廠的運作維持不變。

2010 年換公司、換車廂，卻未變換電車工人薪酬待遇。一切都要爭取才得到改善。以 2014 年為例，違法佔中霸佔馬路，車開不了，工人被迫停工或放無薪假，不意從中暴露了電車行業的薪酬長期偏低的問題。

真實故事

導讀

在各式公共交通工具之中，電車員工的薪酬長期偏低。情況本來未引起太多關注，畢竟電車只在港島行走，九龍和新界都沒有。然而，一場違法佔中，佔領者霸路阻路，令電車開不出去、司機沒工開。79 天內司機或被迫放無薪假期，或因開車鐘數大減而令以鐘計的月薪大幅下降。這種突如其來的打擊，令低薪的電車工人措手不及，迫使電車司機向違法佔路者譴責抗議。而電車司機工資偏低一事，至此才引起社會大眾留意。

2014 年 10 月 14 日，時任電車工會副主席江錦文帶領十名成員到銅鑼灣廣場外的電車站集合，沿電車路遊行至崇光百貨門前的佔領區前，高叫「我要開工，我要養家」、「還路於民」等口號，抗議非法佔中阻路，令電車被迫停駛，要求佔領人士撤出電車路，以恢復電車服務。受影響的司機工友忍無可忍下申訴困苦，不期然向社會公眾暴露了電車司機工資長期偏低的問題。

故事一：違法佔中直接影響生計

從事電車司機工作 20 年的林植發言時説（1994 年左右入職），違法佔中令香港失去了電車路，令電車司機失去「超時補水」，無以為生，「我們倚賴時薪為生，多勞多得，但『佔中』令我收入大跌，一個月的收入減少了 2,500 元。大家不要少看這 2,500 元，這是我兩名兒子的飯錢。現在沒有了！給『佔中』霸佔了喇！我兒子要吃飯的啊！」談到生活逼人，林植更一度感觸流下男兒淚，「我想向我的孩子們説聲：對不起！我要養家，希望『佔中者』還我電車路！」

林植續指，道路堵塞導致西行電車必須在維園掉頭，電車司機每天至少四小時必須在車尾站着開車，工作辛苦。而根據電車公司數據，（2014 年）10 月乘客人數驟減 36%，即少了約 230 萬人次，生意猛跌勢必導致年底花紅減少，來年也加薪無望。

資料來源：整理自 2014 年 11 月 4 日的《文匯報》。

▲ 2014 年違法佔中令港島多處道路受阻 79 天，電車員工依賴時薪，多勞多得，生計大受打擊，不得不站出來捍衛生計。

故事二：告訴係薪資是怎樣計算的

原來電車司機的底薪偏低，當中超時補水約佔電車司機收入的四分一。違法佔中令當時部分路段不通車，出車量下降，導致人手過剩，電車公司不再安排司機加班。這出車上的調整，導致不少司機平均每日損失150元至200元超時津貼，半個多月來損失近3,000元收入。而且本港多處道路阻塞，有住屯門的、早更開頭班車的司機，被迫搭的士上班，車費昂貴。有時即使他願意打的，也因佔中時路面狀況經常有變，令他們仍然趕不及上班，被迫請無薪假。違法佔中期間，每日約十多名司機請無薪假。

電車司機的工資，至現時仍然以時薪計算，平均時薪為50多港元。2014年違法佔領行動令司機工作時間減少，每天平均收入由700至800港元，減少至400至500港元。如因路阻而整天被停工，則當天更是零收入，影響更大。收入減少，花費上升，令司機雪上加霜。

以2018年上半年為例，電車仍以不合時宜的時薪計糧。新入職車長每月底薪只有9,200多元，就算全取1,800元表現花紅（按：2005年3月才設立），收入也僅11,000元。在公共交通當中，就以電車行業最低薪。電車工人低薪之外，午飯時間也不合理。發展至2018年，電車車長的午飯時間，才成功爭取由半小時增至40分鐘；條件是司機每日的收工時間會相應延遲10分鐘。

資料來源：綜合自《文匯報》2014年10月中的新聞報導。包括〈電車職工會指佔中影響生計〉（2014年10月15日）等。

公務人員生活津貼調整辦法
警方拘捕
工友代表廿餘人
貪隆中將
抗議放逐
據稱決設法返泰國
九龍城市場
最近可重建
收容災民
建平

第五章

漫畫及照片篇

❶ 電車工人的辛酸生活

電車工人的辛酸生活
1.我們每一個工友入公司時，都經過公司醫生檢驗，證明身體健康才得入公司做，工友在車上工作時吐血的事情，時有發生，誰應負責？

2. 肚痛屎急有人替，强忍不住賴出來。

3. 都未食飯，又要開車咯。
去

（續）電車工人的辛酸生活

4 病咗夾扣人工。

5. 返工放工冇車搭，風大雨大苦難捱。

6. 三歲小孩要買票。

② 黃金球之死

黃金球之死
1. 一九四八年三月黃金球入公司時，體格好大件，經過檢查身體合格。
体格檢驗
（合格）

2. 後來捱下去就瘦弱起來。

3. 因工作太辛苦，食又唔定時，黃金球染上肺病，舊年年廿八，黃金球在電車上吐血，工友用車送佢返屋企，返到門口又再吐血

4. 病在床上想起今後家人怎樣過活，不禁流起淚來。

（續）黃金球之死

5. 對孩子們說：要聽媽媽話，俾心機讀書，遲下我病好返得工，有銀紙就同你哋去飲茶。

6. 孩子孭着弟弟在箱頭上做功課。

7. 病了，沒有機會接受醫療，孩子實餓回來煮飯
吃，飯煮熟了，「亞爸，亞爸，食飯咯！」叫
極佢都唔聽見亞爸應，金球猛吐血，叫十字車
送入醫院，在半路就死了。

8. 工友們談起這件事，都話公司對疾病工友的不
照顧，非常悲憤：「唉！黃金球咁死法，眞係
唔抵咯，將來我地好似老黃咁，就慘咯！」

3 死唔眼閉的崔聽

死唔眼閉的崔聽
1. 街外部工友崔聽，才卅歲，身體健康，担任打風鎚工作。
路修

2. 一九五二年一月十日感覺頭痛發燒，去公司看醫生，醫生說：「你熱氣喏，食咗藥就好，開得工。」他講了很多求情的話，並說明他是打風鎚工作的，工作很辛苦，醫生才給他一天假（無薪的）。

3.第二天再去公司睇醫生，醫生說：「你有事啦，有乜燒咯」。他迫得帶病開工，但漸漸不能支持了。

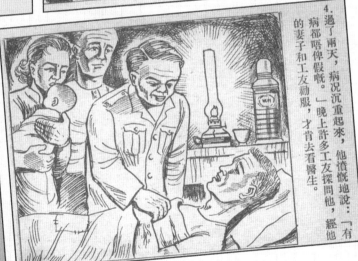

4.過了兩天，病況沉重起來，他憤慨地說：「有病都唔俾假嘅。」晚上許多工友探問他，經他的妻子和工友勸服，才肯去看醫生。

（續）死唔眼閉的崔聰

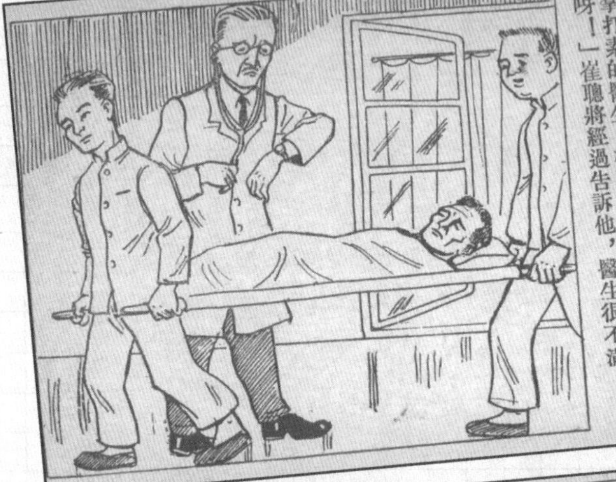

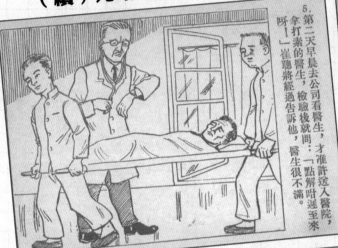

5. 第二天早晨去公司看醫生，才准許送入醫院，拿打素的醫生，檢驗後就問：「點解咁遲至來呀！」崔聰將經過告訴他，醫生很不滿。

6. 入院第三天，他的肚腫起來，病況更加嚴重，他的妻子聞訊後，抱着一個女和孭住一個剛出世的兒子，冒着大風雨到醫院看他。

7. 他對妻子兒子說：「我死都唔眼閉，你話俾
的仔女知，×××累死我嘅！」又繼續說：「
亞蘇蝦我都未認得清，我就無眼睇咯，如果有
困難，要同工會商量呀！」

8. 他就這樣死去了！

④ 被資方搵笨二十年

藍仁說：我被資方搵咗二十幾年笨
1. 日本佔領香港個陣時，街外工程部總管窩那（現任二班）被拉入集中營，我同幾個老友日日買麵包，拋入去俾佢食，佢有牀瞓，衫又爛，生得滿身癩，又買帆布牀、䘿衫同藥水俾佢。

2. 日寇投降後，我回廠復工，有一次我想唔做，窩那對我說：「藍仁，你唔使告辭呀，有我一日，就有你一日。」當時我被佢甜言蜜語所矇蔽，滿心歡喜，於是我又留喺公司做喇。

3.我在公司做左廿幾年，都藉口「人力過剩」，將我開除，我以爲見窩那有得傾嘅，點知佢反面無情趕我走；「扯啦，扯啦。」呢個經理都係冇良心咯，用你時就甜言蜜語留你，唔要就一脚踢開你。
扯啦
二班
辦公室

4.廿幾年來，我捱盡鹹苦，同佢賺錢，唔好伙記點做咁耐？唔好伙記，佢點會唔俾我走，留我喺度做？我搏命救番佢條命，而家佢恩將仇報。我俾公司搵左廿幾年笨咯，希望大家工友個個唔好再俾佢搵笨，要團結喺工會週圍，先至能夠保障我地嘅利益。

5 張勝被迫帶病開工

1\. 張勝被迫帶病開工

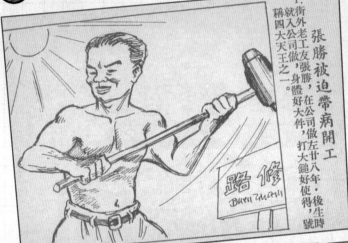

街外老工友張勝，在公司做左廿八年．後生時就入公司做，身體好大件，打大鎚好使得，號稱四大天王之一。

2\. 捱左廿幾年，越捱越瘦，得番棚骨。X光檢驗，證明有嚴重肺病。

3 六月間佢個病越來越嚴重，再去睇醫生，醫生
話：你冇病嘅，返工喇。佢不敢攞病假休息，
迫住帶病返工，佢嘅病就更加嚴重咗。

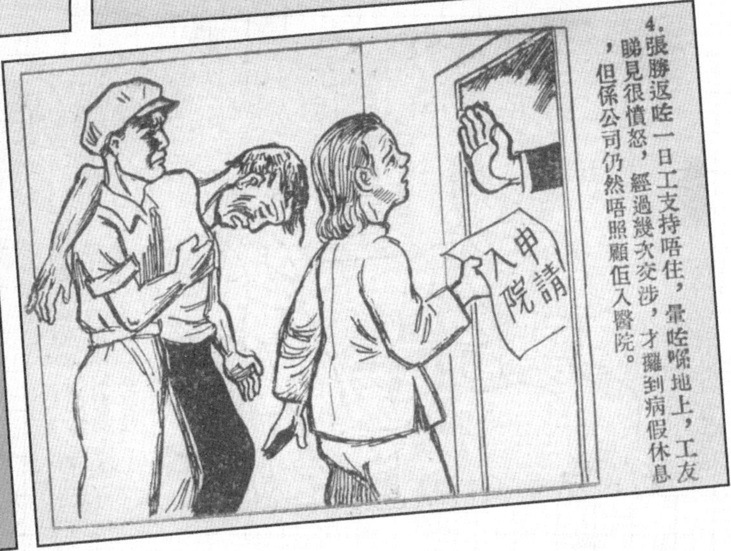
4. 張勝返咗一日工支持唔住，暈咗喺地上，工友
睇見很憤怒，經過幾次交涉，才攞到病假休息
，但係公司仍然唔照顧佢入醫院。
申請入院

6 捱生捱死被開除

1.
捱生捱死被開除
售票工友廖昌，已經在電車公司做咗大半世了，一九二九年他初入電車公司的時候，只得幾十輛舊車，搭客疏疏落落的，現在電車公司發展到一百三十一輛車，搭客非常擠擁，每年賺五百萬元。
1929
1954

2.
由於工作辛苦，食無定時，染上了胃病，要入東華醫院割胃，在醫院住了大半年，用了一筆醫藥費，一家節衣縮食，足足捱咗兩年才搞掂。

3. 他死慳死抵，要個幾月至湊出兩個銀錢買些豬
骨夾生魚仔煲啖湯俾細路仔潤下。

4. 捱生捱死，兒女的衣服要靠親戚朋友俾才有得
穿，資方賺大錢，他却被開除了，連這樣的生
活都有保障。

7 腎病出血唔俾假

腎病出血唔俾假
1. 莊士頓大批除人後，人力不足，工友嘅工夫加
重有一倍，做到索晒氣，以前街外工程部工友
以十二人打一部風車，現在只用六個人，人唔
係鐵打嘅，打林就咁強扯都做到晒咗。

2. 捱到有腎病，痛到流眼淚！
危險

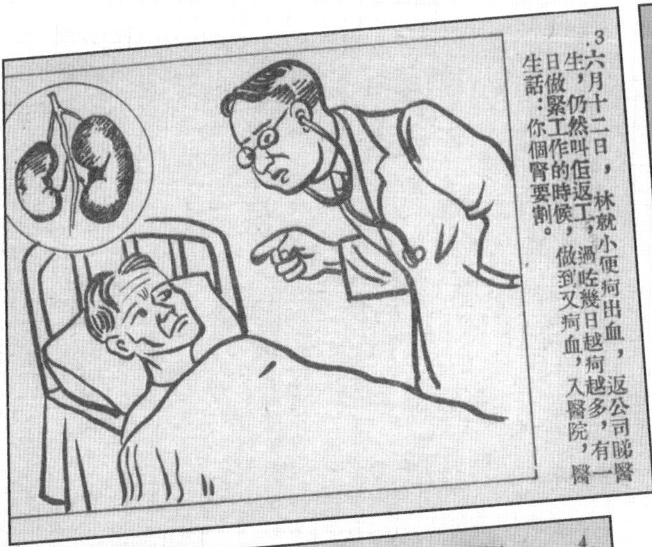
3.六月十二日，林就小便痾出血，返公司睇醫
生，仍然叫佢返工，過咗幾日越痾越多，有一
日做緊工作的時候，做到又痾血，入醫院，醫
生話：你個腎要割。

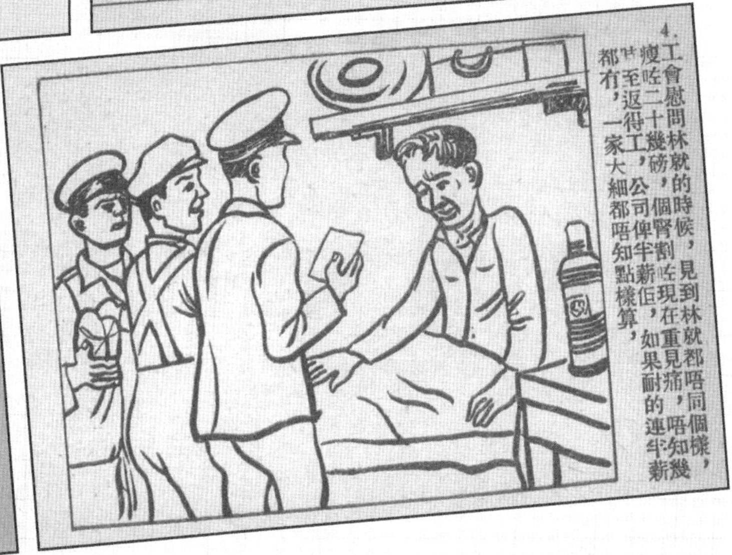
4.工會慰問林就的時候，見到林就都唔同個樣，
瘦咗二十幾磅，個腎割咗，現在重見痛，唔知幾
廿至返得工，公司俾半薪佢，如果耐的連半薪
都冇，一家大細都唔知點樣算，

8 工會簡史

1\. 一九零四年，香港電車開始行駛的時候，營業部工友爲解決食宿的困難，和得到休息交談的地方，組織了一個外寓形式的七號館，這就是電車工人組織的雛形。

2\. 一九二零年在全體工友的團結下，組織了香港電車競進會。這時期，爲解決工友的困難，向資方提出了加人工，發花紅，取銷苛例，改善勞動條件等九項要求，在工會正確領導和工友的團結底下，經勞資雙方代表協商獲得解決。

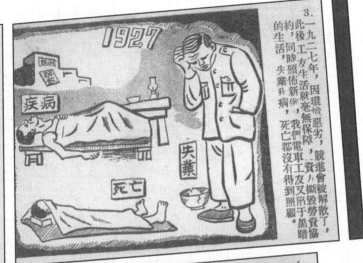

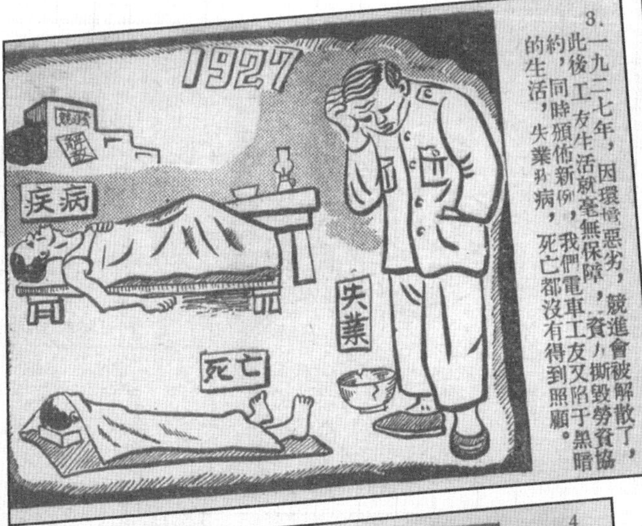
3.
一九二七年，因環境惡劣，競進會被解散了，
此後工友生活就毫無保障，資方撕毀勞資協
約，同時頒佈新例，我們電車工友又陷于黑暗
的生活，失業疾病，死亡都沒有得到照顧。
1927
疾病
失業
死亡

4.
一九三零年，工友感到貧病死亡的威脅，孤苦
無助，艱苦地重新組織了營業部慈善社，舉辦
疾病互助及照顧仙遊工友家屬等福利工作，在
黑暗的日子裏，工友在互助自救下獲得了照顧
1930

(續)工會簡史

5. 一九三一年又重新建立香港電車公司營業部華員存愛學會，舉辦了各種文娛康樂活動，及失業互助等福利工作，同時辦起工人子弟義學，並向資方要求得到每月一天的有薪假期。

6。抗戰時期，進行捐款救災和慰勞工作。一九四一年，要求資方儲備大批糧食，以備戰時之需。香港戰爭發生時，在槍林彈雨之下，工人冒險照顧交通（當時一八一工友被彈片削去頭顱）並担任救護工作。

7.和平後會務恢復，選出臨時理事會，向資方提出七項要求獲得解決。同時在社會人士贊助下，聯合友會成立勞工教育促進會，創辦勞校，解決工友子弟就學問題。
香港電車公司華員職工存愛會
1946.6.
工会代表向公司提出要求，结果争取到：
①八小時工作制；
②工資制度重新訂定；
③疾病支薪办法；
④災害賠償；
⑤喪事津貼；
⑥要新假期雜节放假兩天，每年例假十八天）；
⑦退職金
勞校

8.一九四七年九月間，又以工資趕不上物價，聯合電燈、電話、中華電力、煤汽等五大公共事業提出加薪要求，順利得到了勝利。
物價指數
物價要漲
物價高漲
四電一煤五大公共事業
提出加薪要求
1947

（續）工會簡史

9、一九四九年物價高漲，生活困難，提出保障生活要求，結果爭取到：
（一）增加特別津貼，每日一元。
（二）年尾發雙薪雙津。
（三）增加死亡撫恤。
（四）調整學徒薪金。

10、一九五一年十月資方背信棄義，撕毀勞資協議，實施慘剝工人新例，並指使工賊進行破壞，但在工友團結下，資方終於不能不修改新例。
新例
新例被迫修改

11 一九五〇年，電車公司宣佈不承認電車職工會，同時又扶植「御用工會」的成立。

12 一九五二年九月起，莊士頓集體大批除人十二批共一五三人。工會據理力爭，向公司進行多次交涉，幷向勞工處要求調處。但莊士頓始終不改變其不講理的態度。

（續）工會簡史

13
一九五四年七月一日凌晨，莊士頓第十三批，集
體除人卅一名，全體電車工友，堅強團結起來，爭
爲了保障職業生活，堅持團結，堅持鬥爭，爭
取糾紛合理解決。
堅決團結一致
爭取合理解決！
保障職業生活
破壞

9 工友福利事業

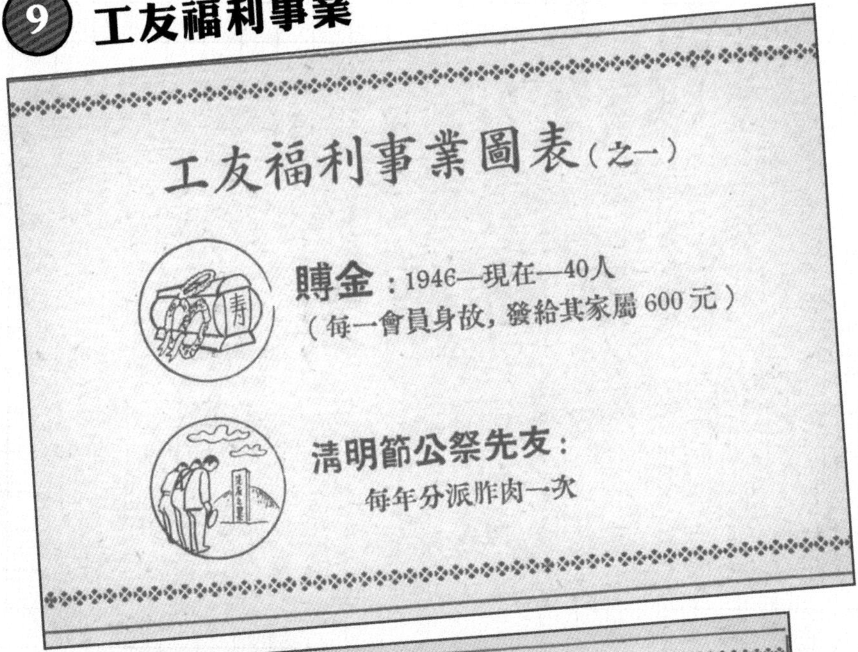

工友福利事業圖表（之一）
壽
賻金：1946—現在—40人
（每一會員身故，發給其家屬600元）
清明節公祭先友：
每年分派胙肉一次

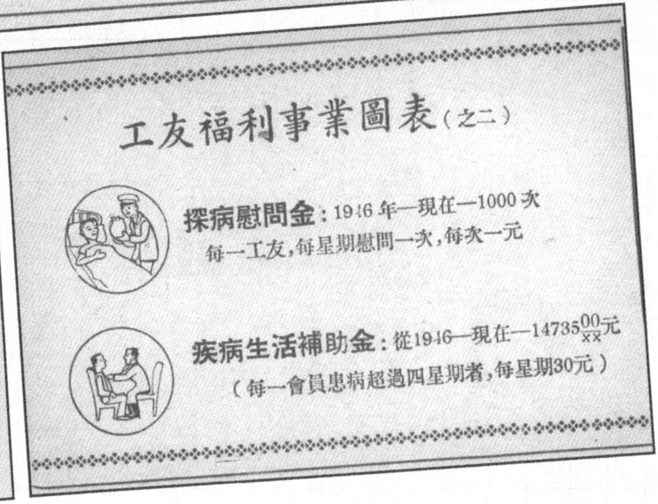

工友福利事業圖表（之二）
探病慰問金：1946年—現在—1000次
每一工友，每星期慰問一次，每次一元
疾病生活補助金：從1946—現在—14735$\frac{00}{xx}$元
（每一會員患病超過四星期者，每星期30元）

(續)工友福利事業

工友福利事業圖表(之三)

離職互助金:1950—現在—277人
每一工友離職,由在職工友每人交互助金二毛,彙送給離職工友。

火災慰問金:1952—現在—19人
(每一會員如受火災,發給慰問金40元)

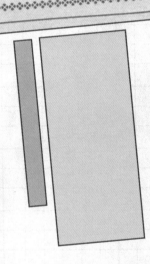

我們的服務部

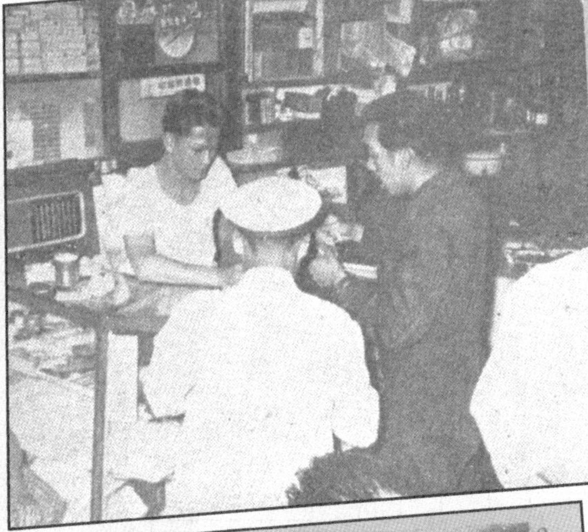

1.日用品部代辦祖國土特產物品。

2.代工友辦年貨。

（續）工友福利事業

3. 廚房大佬做好飯了，一碟一碟送出來。

4. 時時都係咁擠擁，人人都話要擴充。

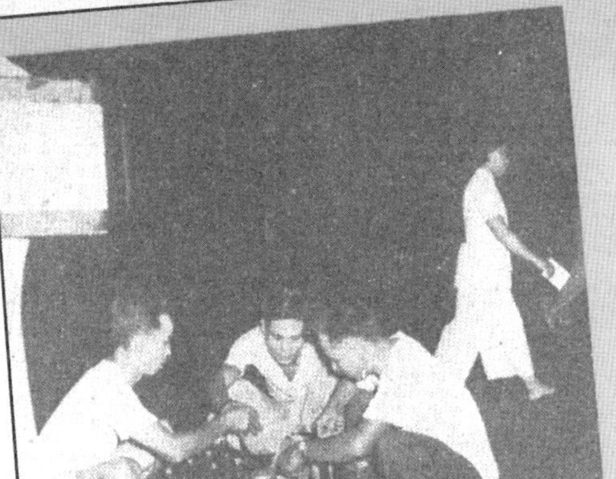

5. 服務員準備好食物送上車。

(續)工友福利事業

6.茶飯送上車，工友話好便利。

10 兩次停工抗議行動

八月三十一日，
第一次停工抗議行動

1. 二小時停工，抗議行動勝利完成，陳耀材主席對工友講話。

2. 八月卅一日，我們採取兩小時停工抗議行動勝利完成後，第一架開出的電車。

（續）兩次停工抗議行動

3. 十月十日第二次停工抗議行動

十月十日，爲了抗議莊士頓拒絕談判，採取一天停工抗議行動，圖爲在勿地臣街站崗的糾察隊。

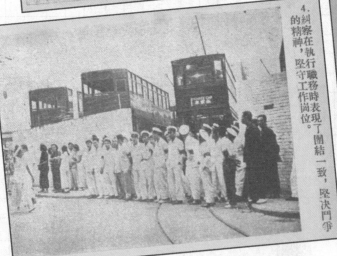

4. 糾察在執行職務時表現了團結一致，堅決鬥爭的精神，堅守工作崗位。

5. 烟廠兄弟姊妹，送來紅金龍香烟。

6. 海軍船塢、紡織染工友用貨車儎來沙田柚到來慰問我們。

（續）兩次停工抗議行動

7. 在全體電車工人的堅決團結下，粉碎了工賊份子的破壞陰謀，全廠電車一架都沒有開出。

11 工賊醜史

1. 工賊聲明打爛工友飯碗，全體電車工友爲着爭取職業生活有保障，大家一致團結起來，粉碎工賊陰謀。

2. 全體電車工友堅强團結起來，反對莊士頓無理除人，工賊迫工友入廠，無人願上當。
唔入廠就列入黑名單！
入廠開車

（續）工賊醜史

3. 工賊無恥地欺騙威迫工友入廠，工友識穿佢個槓嘢，大家唔上當。

4. 工友交月費，佢地大飲大食亂咁使。口口聲聲辦福利，實在搵工友老襯。

5.假借擴會爲名，强迫工友每人借十元，會所擴唔成，還要欠租十多個月，工友催還錢，藉口「同你交咗月費」，吞沒工友血汗錢。

6.工賊講的說話係騙人嘅，有目共見嘅事實都車大炮，其他重使問咩。

（續）工賊醜史

7.莊士頓一批一批無理開除工人，工賊一次又一次承認除人係啱嘅，工友們話：「佢地個個會唔係代表工人嘅。」

8.工賊開賭，累死工友。

9.工友家屬說：「個幾條友，有個好人，累到我地家用都冇」。

10百業蕭條因「禁運」，「老牌工賊」最贊成。

（續）工賊醜史

11 失業保險幾好聽，⿰亻然有米粥搵工友丁。

12 號稱會員六百多（？）工賊撒豆不成兵。

結語

這本小書初版的出版，正值香港經歷翻天覆地變化的時候，也為求突出百年來電車工人生活的故事，先將大部分珍貴的材料呈現出來，沒有刻意為小書作結。或者是上天的一種安排，兩年幾之後，初版缺貨了，有幸得到中華書局的支持，提議出增訂版，能夠為小書寫下一個完整結語。

香港電車工人的故事超過一百年，跟香港社會大時代發展牢牢地綁在一起，成為香港史的最佳佐證。這本小書從電車職工會的工人視角去看殖民地時代資方如何跟殖民地政府同氣連枝、華人草根階層如何在有限的狹縫中謀生，不願為五斗米而忍氣吞聲。

一百年前，草創期的電車工會只能夠以工友間的福利組織運作，為工友提供茶水休憩之處，繼而逐漸拓展不同的文娛康樂活動，如話劇團，好讓飽受艱苦生活的工友得以平衡身心，亦提升藝文氣息。到了 1920 年，香港電車競進會正式成立，正式與資方爭取合理待遇。很自然地，電車職工會工友們在工會活動中培養出一股風骨，既有藝文修養，亦有不平則鳴的氣魄。即使到了上世紀的五六十年代，殖民地政府有意針對親華人士時，工會骨幹及會員工友都能理直氣壯，據理力爭，絕無半點懦弱。

全賴電車職工會的先賢出版各種小報紙及事件資料專刊等，以及後來的工會幹事妥善保存《電車工人畫冊》及各款小冊子，我們才能到今天仍可以原汁原味地，將上世紀五六十年代殖民管治下「政商合謀」的黑暗一面圖文並茂地揭露出來。電車職工會以百年傳統，培養出會員熱愛祖國、關心社會、守望相助的氣質，令人肅然起敬。儘管他們是草根階層，但是到今天仍然不時利用工餘時間去關心社會發展，與時並進，何其難能可貴。

上述觀感於工會史《競進、存愛，電車情懷——香港電車職工會百年史整理》編撰後期的一次工作簡介會中被我親身察見。那次由余非負責的簡介會在 2019 年暴亂發生前的一個夜晚舉辦，會上座無虛席，除電車職工會會員，更有不少是電車職工會會員的子女，大家非常認真地聽講，專注地想了解這本百年史的內容。當時與會者對歷史整理成果的熱切期待，深深地打動了我。

好景不常，這次簡介會之後，香港猶如暴風雨下電車駛過低窪泥濘一樣，進入了黑暗、惶恐的歲月。……那段日子浮現一個意象，……電車車身受盡狂風暴雨的拍打，路軌偶爾會有沙石跟車輪碰撞，令電車顛簸微晃，這些時刻或令車上乘客心驚膽顫；然而車長小心翼翼地將電車駛過西環、進入上環，又或往返跑馬地，不同線路的電車向着無數個下一站駛去。再多的晃動，也終能安全到站。這，就是電車工人的使命。

電車工友經歷暴亂，只能望天打卦，因為隨時會撞上黑衫人堵路、磚陣，或氣油彈、催淚彈互相投擲。身為一車之長，既無防暴裝備，又要保護乘客及電車安全，同時又因行車鐘數減少而薪酬驟減，當其時的壓力可想而知。電車作為公共交通工具，往往成為堵塞目標之一，工友上班如臨大敵，安然回家正是家人每天的期盼，這一切可以說有苦自己知。

到 2020 年工會成立百年的歷史時刻，又遇上新型冠狀病毒疫情。電車工友這一次要迎戰無形敵人，清潔及消毒車廂工夫倍增，人手卻不可能增加。終於，香港疫情在反覆中開始稍稍受控，工會也跨過百年慶，走向百年後的另一個百年。一切會證明，暴風雨總會過去，再多的晃動，也終能安全到站。

最後必須感謝香港電車職工會仝人，尤其是名譽會長何志堅叔叔的決定——用整理歷史的方式去誌百年慶。這事的意義是劃時代的，即使現時仍未有太多人表揚當中的意義；可是，就是因為這次歷史資料整理，讓電車被賦予了反殖民管治，以及代表草根勞工的深化意義。它、電車，已不再只是流行曲 Hong Kong, we like Hong Kong 下的旅遊象徵。

石秋新

2021 年 12 月

百年來電車工人生活故事（增訂版）

余非　石秋新　著

競進創會　存愛百年

責任編輯　郭子晴

裝幀設計　黃希欣

排　　版　時　潔

印　　務　劉漢舉

出版

中華書局（香港）有限公司

香港北角英皇道 499 號

北角工業大廈 1 樓 B

電話：（852）2137 2338

傳真：（852）2713 8202

電子郵件：info@chunghwabook.com.hk

網址：http://www.chunghwabook.com.hk

發行

香港聯合書刊物流有限公司

香港新界荃灣德士古道 220-248 號

荃灣工業中心 16 樓

電話：（852）2150 2100

傳真：（852）2407 3062

電子郵件：info@suplogistics.com.hk

印刷

迦南印刷有限公司

香港新界葵涌大連排道 172-180 號

金龍工業中心第三期 14 四樓 H 室

版次

2020 年 4 月初版

2022 年 2 月增訂版第 1 次印刷

規格

32 開（145mm × 190mm）

ISBN

978-988-8760-61-9